公寓快樂養貓

蕾蒂西雅‧芭勒韓（Laetitia Barlerin）◎著
羅偉貞◎譯

目次

前言

　　在僅僅幾千年內，貓從沙漠走進我們舒服的居家生活。今日在法國將近有一千萬隻的寵物貓，其中三分之一是住在公寓裡，這個數字還在增加中，因為有越來越多的都市人喜歡貓。

　　我們常說，動物必須生活在野外才會快樂，牠們在公寓裡也會開心嗎？有些人認為，把貓關在公寓裡並不符合貓的天性，讓我們來看看這是否為真。一隻可以出門的貓平均壽命只有4歲，而住在人們家裡的貓卻可以活到15至20歲。之所以會產生這麼大的落差，完全是因為室外生活的危險所致，例如：車禍、跟同類或其他動物打架、感染傳染病、中毒、人的惡意傷害等。相反地，如果生活條件無法滿足貓的天性需求，牠們便容易受無聊與焦慮所苦。所以，貓確實可以樂在公寓生活，只不過這需要飼主用心營造才行！

　　本書是專為室內貓的（未來）飼主所寫的教學指引，你可以在書中找到如何挑選一隻適合住在公寓的貓、如何讓環境變得豐富多元、如何幫貓製造生活樂趣，以及如何提供貓一個美好的生活……等等方法與訣竅。本書旨在告訴你要以貓的需求為考量，重新評估你的室內布置。只要有好的創意和無盡巧思，你就可以創造出一個貓咪遊樂園，這麼一來，貓會開心，你也會很開心！

蕾蒂西雅・芭勒韓

第一章

貓可以
住公寓嗎？

貓的生活內幕

你認為讓貓住在公寓不符合牠的天性，你自問「到底這小型貓科動物的天性又是什麼？」貓變成家畜後，牠發生什麼改變？牠的生活哪裡不一樣了？

非洲野貓可能是今日家貓的祖先，兩者在很多地方都很相近。

動物行為圖譜

有了寵物，首要之務當然是為牠謀求福利，這不是供給牠吃住就足夠了，生活條件還得符合牠的天性需求，而不是主人的需求。

描述某種生物各類行為和活動的圖表就是牠們的「行為圖譜」（Ethogram），你必須瞭解貓的行為譜，還得考量品種特性，才能確切地找出牠的需求。

野貓及其祖先和親戚

在你膝上呼嚕的家貓（*Felis silvestris catus*），其祖先可能是居住在北非的非洲野貓（*Felis silvestris lybica*），或是來自亞洲的中亞野貓（*Felis silvestris ornata*），兩種貓至今都還存在。

非洲野貓體型細長，毛為土色，分布於（半）乾燥地區，單

獨居住、狩獵，不與同類往來，會捍衛地盤上的戰略區域，以小型獵物（囓齒類、鳥類、蜥蜴、蛇等）為食。

非洲野貓跟兇猛的歐洲野貓相異之處是，牠不怕接近人類，是最容易馴服的貓種之一，再加上牠們與家貓兩者的基因和結構都很相似，因此推斷非洲野貓可能是家貓的祖先。

野貓變成家貓後的改變

－不再那麼需要感官，因此頭有縮小的趨勢。
－膽子比較大：通常貓在打架或逃跑時會分泌腎上腺素，但因為現在生活裡完全沒有安全威脅，腎上腺也縮小了。
－以前生活在野外時需要偽裝，現在毛色則豐富多彩。
－食物的種類比以往多一些，食道也變長了。
－碰到人之後，發出的聲音更多樣了。
－家貓比野貓更依賴人類，因此，幼貓行為會一直持續到成貓期，例如：呼嚕、玩耍、持久的親密關係……等。

變成家貓

人和貓建立關係的時間點可能跟農業誕生時期契合，特別是有了穀倉之後。我們知道，自西元前四千年起，美索不達米亞和埃及文明開始有了餘糧可供儲存，而消滅穀倉的掠劫者——囓齒類動物的任務便落到貓身上。有些書籍將此稱為貓的「自動」馴服，因為是貓主動走向人們並適應人類生活。

穀糧代表財富，自然也象徵權力，所以，老鼠成了人類最大的敵人，還好牠們是有剋星的，也就是野貓。因為野貓不怎麼怕人，牠們開始進入城市，夜晚便在穀倉裡打獵。

就這樣，這隻小型貓科動物從偶爾出現的客人漸漸變成家畜（進入人類家庭），之後又進一步變成寵物。

與人類接觸後，貓本身有了改變，雖然只是很小的基因突變，卻攸關其在新環境裡的存活，那就是習慣人類的存在並與人類共同生活的能力，至此「家貓」於焉誕生！

不過，如果拿貓跟其他動物（如狗或牛）相比的話，我們會發現，貓的外型或身體構造因「家畜化」而產生的變化小多了，行為方面更是如此（參照上表），在很多地方貓還是跟牠的野貓親戚很相似。

寵物貓是和善的小野獸

有人說貓冷淡、獨立、沒有服從觀念……，然而，牠們一旦跟人建立社會化關係後，就會變得喜歡跟人在一起，再也不能失去這層關係。

即使人貓之間不像人狗之間是種階級服從關係，貓還是需要主人的餵養、照顧、保護和疼愛，同時又不失其本能和遺傳自野貓祖先的行為特徵。

● 貓的一天

不管是野貓或家貓，其行為圖譜裡都包含了以下四大類活動（或不動！）：

－睡眠

－打獵及玩耍

－清理自己

－滿足生理需求行為，即進食、排泄和繁殖。

而家貓和野貓兩者進行每種活動的時間又有所不同，家貓睡眠與遊戲的時間較長，也較少打獵。

➡ 家貓毛色有多種，不像野貓親戚的被毛為暗土色。

此外，家貓又因為與人有了接觸，還多了一項活動——社會性互動。

● 地盤

與其說是地盤，不如稱之為「活動區」。貓為領土型動物，因此對牠而言居住的地方是很重要的。牠會規劃地盤，並且加以捍衛。

➡ 貓被馴服後的改變之一就是遊戲時間越來越長，不管是個別遊戲還是社會性遊戲。

但是，這些領土之間並非有著清楚的疆界，也不至於不容許敵人跨越雷池一步。

貓的地盤其實是由數個區域（或稱生活區）所構成，牠在不同區域分別進行不同活動（有點像是我們的房子裡有各種功能不同的房間一般）。

這些區域通常包括：

－活動區：即打獵、遊戲、排泄（牠的「廁所」所在地）、瞭望台、進食區；

－獨處區：即各個睡覺地點，牠會盡量找安靜又靠近熱源的地方！

貓從這一區到另一區的路程是固定的，所以，其地盤上就會有牠個別的、通往各區的「路線」網。這樣的組織可以讓數隻貓共同生活在同一地盤上，而不會產生衝突，因為每隻都有自己的路線。

這些區域和路線上都會有嗅覺記號（以面部摩擦或噴尿劃記）或視覺記號（以抓痕劃記）等標示。

讓貓住在公寓是不是違反自然？

要讓貓能開開心心地住在公寓裡，除了滿足牠的基本生理需要（吃、喝、睡、動……）之外，還必須兼顧其行為方面的本能需求，這可是給牠再多的愛也無法彌補的！

飼主應該要做的是，根據貓的自然行為圖譜，讓牠在家也可以進行一樣的活動，因為那對貓的心理及生理平衡都是很必要的。接下來還要確定，公寓所具備的條件都足供牠劃分明確且穩定的生活區。

■

你知道嗎？

歸野貓vs野貓：「歸野貓」是從家貓變成的野貓，和真正的野貓是不一樣的，屬於家貓裡的野生種。

流浪貓

貓骨子裡雖是獨行俠，但是牠也能以有組織、穩定的方式群居在一起。然而，其社會行為，即與人類和（或）同類共居的能力，就要視三項條件而定，即早期教育（社會化）、貓的密集度和食物數量。

流浪貓是家貓，但因為並非從小就認識人類，所以疑心很重，就是一副野貓樣。雖然牠會避免跟人類接觸，但從不會離人類太遠，因為那是牠們的食物來源，例如：在田裡和穀倉作惡的齧齒類、垃圾桶裡的食物殘渣或善心人士的餵養。如果食物不成問題，牠就可以接受群居生活，因為不需要為食物競爭時，衝突就會減少。不然的話，牠們寧可在自己的領土上單獨狩獵，不讓別的貓靠近。

流浪貓族群的架構是以母貓和其後代為主，也就是說，一個穩定的團體是由數代有血源關係的母貓和幼貓組成。公貓通常到了青春期就會被踢除，然後流散四處，形成衛星小團體。跟狗相反的是，貓群中沒有嚴格的位階，地位並不是固定的，而會時常變換。

如何選一隻公寓貓？

貓 對於有院子的房子大致上都能適應，公寓可就不是如此了；不管室內布置如何，有些貓永遠無法適應那狹窄的空間，以致產生行為問題。因此，你在選貓時一定得記住這點。

要問清楚牠的出身背景

公寓貓最好就是在公寓裡出生！說得更明確點，牠還得在公寓長大，而且只住過公寓、沒住過其他環境，這樣牠才沒得比較。

事實上，對行為專家而言，貓的生活環境應跟牠的成長環境相符。幼貓在成長期會接受環境裡的多種刺激（視覺、聽覺、嗅覺、溫度、觸覺、貓砂、其他動物），牠很快就會適應進而習慣，並建立出一個「生活參考標準」。

如果日後牠被帶到一個各種刺激都跟以前不同的地方，牠就會開始緊張，覺得難以適應，就像一隻在鄉下長大的狗突然被帶到城裡時會很恐慌一樣！

所以，若貓小時候生長在一個充滿刺激的環境（如花園），天天在那裡玩、練習狩獵的話，要牠去住公寓一定會有很大的問題，因為一般來說，公寓裡無法提供那麼多刺激，牠會像隻「困在籠子裡的獅子」般的可憐。

原則上，不要領養在街上或農場裡長大的幼貓，而要選擇生在公寓裡、某人家中或是繁殖場的幼貓。如果領養的是成貓（如在動物收容所領養的），必須先確定牠之前住的是公寓，否則貓可能會出現行為問題。

不要選太年幼的貓！

法國法律規定，未滿兩個月的貓不可販賣也不能讓與。剛出生的幼貓在頭幾週裡一定要由母貓照顧，如此一來，貓日後的行為發展才會正常，因為母親會教牠自制、不搗亂。把一隻不到八週大的貓養在公寓裡會有很多問題，例如：過動、過於神經質、破壞力強等，而且永遠都無法導正。

應該選擇多大的貓？

如果貓從未出門過，選幼貓或成貓都可以。若貓曾出過門，選

擇幼貓會比較妥當，而且年紀越小越好，但至少要兩個月大。

　　如果幼貓的社會化良好，你的公寓又布置得當，即使是從原本的開放空間轉換到現在的封閉環境，這個年紀的幼貓在這段過渡期內也不會太過痛苦的。

「品種」是個重要標準

　　儘管貓的個性、實際經驗和公寓布置都會影響貓對公寓生活的適應情形，但有些品種的貓就

是比較不易適應，像緬因貓、挪威森林貓、西伯利亞貓這類所謂的「巨貓」就需要很大的生活空間，而且牠們不怕冷、很喜歡去外面玩，這些特性更加重牠們的適應問題。只有兩、三間房間的公寓對牠們而言根本不夠，除非

從繁殖場購得的幼貓（如圖中的緬甸聖貓，又名伯曼貓）其優點是，跟人的社會化良好，又有在封閉環境生活的經驗。

還有個前院或有圍牆的露臺。如果一定得住公寓的話，不管裡頭有多大，建議還是給牠們繫上牽繩或胸背帶後牽出去散步。

若把孟加拉貓、阿比西尼亞貓和索馬利貓這類極度活潑、敏感又神經緊張的貓養在公寓裡，牠們會到處不停走動，急著想找到離開的路！孟加拉貓又因為體內流有野貓的血液，還會破壞你的公寓，讓你難以忍受。

而有些品種就是出了名的喜歡舒適的公寓生活，像個性溫順的波斯貓、布偶貓，還有怕冷的暹羅貓、得文捲毛貓和柯尼斯捲毛貓，當然還包括加拿大無毛貓！

不論是純種貓或街貓，只要

選對主人

公寓貓要快樂，主人也是決定因素。貓其實受「個性獨立」之名所累，常讓人誤以為牠喜歡也忍受得了孤獨。事實上，家貓很需要陪伴、關注、疼愛和撫摸。既然牠不能出門去找同伴，你就要當牠的伴！如果你每天得上班且離家時間會超過12個小時，或者你是週末不喜歡待在家的人，那就別養貓！

牠從小在封閉、窄小的環境長大（像大多數繁殖場都是這樣），通常都能在公寓裡快樂地生活。

社會化的重要性

貓跟人的社會化越是不良，牠對於公寓生活的適應就越有問題，這是有道理的；因為在一個封閉環境裡，雖然不至於擁擠，但是人貓的距離太近，對於一隻怕人的動物而言可是會造成壓力的。

社會化良好的貓會把人視為友善的族類，並會接受（尋求）他／她的親近與撫摸。此社會化過程一定要在貓兩個月大前完成。社會化不佳的貓就是在這段期間鮮少與人接觸或根本沒有接觸（指被摸和善意的對待），因此基於本能就會怕人，一看到人就逃走，完全不想被觸碰。把這種貓關在公寓裡，牠們可就真的成了被困在籠裡的老虎，尤其是那種已經超過兩個月大、從街上撿回來的流浪貓，一開始要碰牠會很困難。不過，只要家裡空間夠大，足以跟牠保持距離的話，在付出許多時間與耐心後，「小獸」還是可以變成寵物的，也不再那麼排斥人和膽小，甚至還會主動撒嬌。在封閉空間裡，要「馴服」這樣的貓就會比較棘手。

社會化良好的貓會主動尋求
和接受人的接觸與撫摸。

牠會得幽閉恐懼症嗎？

你 一直很想養隻貓，卻又怕牠無法忍受成天關在家裡的生活？有些貓的確會因此產生行為問題，但並非每隻貓都會。

十五分鐘的暴衝

這指的是貓突然四處橫衝直撞，一下子跳上沙發，一下子躍上櫃子，一邊還不停地鬼叫。這種高度激動期會持續一到兩分鐘，接下來牠會冷靜些，隨後便開始對自己瘋狂地舔舐。這種行為對公寓貓而言是很尋常的，可以幫助牠發洩儲存了一天、已過多的能量，有點像我們藉運動來發洩壓力一般，這些放肆時刻可幫助牠們維持心理平衡。其實不只公寓貓會出現這種行為，有花園可以遊戲的貓也一樣如此。

把你的腳踝當獵物

你下班回家一進門，你的貓突然出現並咬了你的腳踝一口，隨即躲藏起來，準備做第二次攻擊。其實牠是把你當獵物了！導致這種攻擊行為的第一個原因是飢餓，一天只能吃一到兩餐的公寓貓最容易出現這種行為。但其實貓是少量多餐的動物（參照第48頁），一天之內牠會光顧牠的食碗十至二十次，每次只吃一點點。如果不是以這種方式餵食，到了晚間，貓已經很餓了，因此會開始攻擊所有會移動的東西。通常在改以任食制餵食後這個問題就會消失，若非如此，攻擊行為可能就是「焦慮」引起的。如果是這樣，你得多陪牠玩耍，也要將生活環境布置得豐富些，以滿足牠的狩獵欲望，例如：準備會滾動的玩具，或是騰出架子上的空間讓牠可以上去等等。

困在籠裡的猛虎

公寓貓的不快樂也就是一般所謂的密閉空間焦慮症；牠會變得不愛撒嬌、不理人且具有攻擊性，看到在動的東西就會發動攻

擊（掠食性攻擊），被人摸時也會攻擊（這是出於不耐煩的攻擊）。糟糕的是，這時飼主往往會大叫或給予處罰，而這麼做只會讓牠害怕。於是，人貓關係不但惡化，神經緊張的牠攻擊行為也會愈發頻繁。

會有密閉空間焦慮的貓通常是過去習慣外出，現在卻被關在公寓裡的貓，因此產生挫折感進而導致壓力和焦慮，接下來很可能就會出現攻擊行為。如果是跟人社會化不良的貓，攻擊行為會更明顯，而且會很早出現，另外，牠還會出於恐懼而攻擊。

為了避免這種行為產生，除了選對合適的貓（參照第14～17頁），其他因素也很重要，如：室內布置與貓的生活環境多樣化、人貓互動品質，以及是否採任食制餵食等。如果在跟貓遊戲時，你養的成貓或幼貓忘了自制而想咬你，或開始攻擊你的腳踝時，就想辦法讓牠分心，可以拿噴霧器朝牠噴水或丟個球到牠身旁。若攻擊次數太過頻繁而讓你覺得困擾的話，就要尋求獸醫的治療了。

不愛乾淨

「會用貓砂盆上廁所」是大家公認的第一項優點，但某天你竟然發現牠尿在盆外！這個問題的

起因可能跟發情、疾病（膀胱炎、關節痛等）有關，也可能是貓砂盆引起的（參照第64～67頁），但很多都是心理因素造成的，那其實是牠焦慮或沮喪的表現。會讓公寓貓出現這種行為的原因各有不同，例如：搬家、家裡多了一隻動物或嬰兒、主人長時間不在家等等，當貓覺得無聊時也可能會尿在貓砂盆外，所以，動物若突然開始隨處撒尿，就是在告訴我們牠不快樂。主人首先該做的就是帶牠就醫，還要設法改變環境和改善人貓關係。

破壞狂

貓在貓樹上或沙發上磨爪屬於正常行為，但是，若牠抓爛客廳的壁紙就代表牠有情緒問題。「過度磨爪」其實是一種焦慮的症狀，可能是因為地盤或人貓關係出了問題等。不過，生活在一個封閉的環境中，缺乏視覺刺激、不能遊戲與打獵時，都可能會助長這種異常行為的發生。這時責罵貓是沒有用的，反而只會讓情況更加嚴重。

皮膚顫動症候群

皮膚顫動症候群（Rolling Skin Syndrome）是指貓背上的皮膚時常出現顫動，像被毛起了波浪一樣。這種情況顯示貓正處於焦慮狀態。

過度舔舐

貓若焦慮或不快樂時，也可能會出現過度舔舐的行為，就像得了強迫症那樣地拼命舔自己好幾個小時。貓這麼做可以讓自己平靜下來，並紓緩情緒壓力。不過，如此反覆地舔舐，貓身上的毛就會被牠那粗糙的舌頭「舔斷」，這就是焦慮的貓的腹部、體側和大腿後方常會出現脫毛的原因。另外，也可能會發生暴食症。

幼貓的到來與適應

小毛球很快就要來到你家，你思量著要怎麼做才能讓牠在這個新家適應得更好。其實，你不必擔心，牠一定會適應的，你倒是該想想教育的問題！

讓牠在安靜的氣氛下進門

在幼貓來到之前，請先購妥各項寵物用品，例如：貓砂盆、食碗、貓樹、貓抓板、睡床、玩具等，並安排好置放地點。

當貓進門時氣氛要安靜，才不會嚇到牠。在客廳中央把籠子打開，讓牠自己出來，並任牠四處探險。膽子大的貓會立刻去每個房間看看，也會跳上家具瞧瞧；膽小的貓就會躲在床或櫃子底下，可能幾小時後才會出來，這個反應是正常的，因為這是一個陌生地盤，貓基於本能會先躲起來分析情勢和危險程度。

飲食方面的壓力

一開始最好還是給貓吃在牠前一個家所吃的食物（同個品牌的罐頭或飼料）。初到新家已經會產生壓力，如果又突然換了食物，極可能會引發消化問題。倘若想要變換飼料的話，一定要有1星期的過渡期。

頭幾天得先安撫牠

你收養貓，也就等於將牠和母親及兄弟姐妹拆散了，因此，在貓剛來到家的前幾個星期，牠會需要常見到你，也需要你的撫摸。

貓在剛到你家的前幾個晚上可能會悽慘地叫個不停，為了安撫牠，你可以讓牠睡在身旁。

如果你知道自己未來一週的工作負荷會很大，就不要選在這個時候接貓回家。此時的牠需要的是一個代理媽媽和一個情感指標，所以，為了牠的心理健康著想，建議你請幾天假好好跟牠相處，讓牠對你產生感情，並快速適應新生活。

給貓的教育

在貓滿6個月之前，應該已經學會的事有：

上廁所

除非例外，幼貓來到你家之前，應該已經跟媽媽學會怎麼使用貓砂了。為了讓牠知道家裡「廁所」的位置，可以親自帶牠去一趟貓砂盆，並把牠抱進去，抓起牠的前腳撥砂。在貓砂底層滴幾滴漂白水可以刺激尿意。

不亂咬亂抓

幼貓在跟你遊戲時可能會對你又咬又抓，如果你以為牠是在「磨牙」而任由牠這麼做，那你就錯了，你應該延續之前貓媽媽的教育——當幼貓弄痛牠或其他貓時，牠會給予斥責，並教牠控制咬和抓的力道。因此，一旦遊戲變得暴力，你就得立刻加以喝止，然後用食指打牠的鼻子一下。如果貓還是沒有冷靜下來，就抓著牠頸部的皮膚讓牠側躺下來，並使勁地搔牠的腹部。

對摸、抱的容忍

為了讓幼貓變成會撒嬌又容易照顧的寵物，要經常摸摸牠、抱抱牠。

跟人類及其他動物的社會化

即使是住在公寓裡，牠還是得繼續牠的社會化過程，如此一來，貓長大後對客人才會具備高度容忍性，而不會有社交恐懼

症。讓每位來訪的客人（大人與小孩）都摸摸、抱抱牠，也讓牠跟個性穩定又喜歡貓的狗見面。還可趁這個時候多養隻小兔子、小老鼠、天竺鼠跟牠做朋友。

磨爪的技巧和規矩

貓磨爪是正常的，只怕牠看中你的皮沙發。從牠小時候開始，就得教牠什麼是可抓的、什麼是不可抓的（參照第76～79頁）。

預防危險行為

幼貓因為愛玩，個性又傻呼呼的，很容易出意外——咬電線、吃植物、爬上陽台，所以你可要盯緊一點！

剛到你家的幼貓早就經貓媽媽教過貓砂盆的使用方法了。

第二章

公寓貓的
健康問題

發情問題一定要解決！

當公寓貓發情時會很麻煩。對於那些惱人的叫春聲、噴尿、臭味等問題，該怎麼解決呢？

我的母貓整年都在發情

住在公寓裡的母貓可能連冬天也會發情，這應該跟人工光照有關。事實上，母貓對光週期很敏感；在野外，春季發情是隨日長時數增加而開始的，冬季的無動情期都發生在光照最弱的月分。

母貓的叫春聲

不管家裡是否只有一隻貓，也不管牠是住在公寓或室外，母貓一律會固定發情。母狗是每半年發情一次，母貓卻是每隔2到3個星期就會發情，而且一年之中有很長的一段時間都是發情期，以法國的氣候來說，是從2月到9月這段期間。

發情期間（平均6天），母貓雖不會有月經，但發情的徵狀卻很明顯；牠會在地上打滾、變得很愛撒嬌、摸牠的背時屁股會翹得老高，還會發出咕嚕聲和尖銳的喵叫聲，這些聲音很快就會令你發狂。更糟糕的是，貓在發情期間還會一直想往外跑！要記得，母貓在6到10個月大時就性成熟了。

公貓的尿

公貓的發情你想錯過也難，因為貓砂盆裡的尿味會變得很濃烈，不只如此，牠還會在家裡四處噴尿劃記地盤。其實，會出現這種情況是很正常的，公貓是受了性荷爾蒙刺激，才會在環境裡的重要地點或物品（牆角、沙發、棉被等）上噴尿。

公貓噴尿是以站姿進行，此時背部會拱起，毛豎立，高翹的尾巴會抖動，噴尿完畢後，牠會在地上扒呀扒地，一邊聞著自己方才撒尿的地方。

若家裡同時住著好幾隻貓，噴尿會更頻繁。這種行為與季節幾乎無關，在公寓裡更是如此。

性成熟的公貓性情也會改變，牠會變得活潑，並且會特別

母貓噴尿

不只公貓會出現跟發情有關的噴尿行為，連母貓也常會在貓砂盆裡或盆外噴尿。牠們那充滿性荷爾蒙的尿液對未結紮的公貓而言（甚至是已結紮的公貓也一樣），是非常有吸引力的！

愛跟同類打架（跟公貓或已結紮的貓），即使室友也一樣。

要讓貓生育嗎？

有關「母貓一定要生育過，那怕一次也好」這種說法，完全出自人類自己的想法。事實上，從不曾體驗過「當媽媽的喜悅」的母貓，無論在生理或心理上都不會受到影響。此外，懷胎、分娩和哺乳都是很辛苦的，並非沒有風險存在。小貓出生之後，關於牠的安置和認養也是問題。另外，母貓的母性行為只會在生產過後才會出現，然而，這些行為只是出自本能的反應罷了。

同樣地，公貓也不需要「盡情風流」，牠不會知道自己被去勢了，也不會感到自己「矮人一截」。要注意的一點是，10隻去勢公貓中會有1隻仍多少保有發情行為（如騎乘）。

解決辦法──結紮

唯有結紮一途才能杜絕這些惱人的發情行為。

● 母貓結紮

以手術摘除母貓的卵巢，或連子宮一併切除，就可完全終止發情行為，讓那些令人煩惱的情況不再發生。

其他的避孕法（給貓吃避孕藥或施打荷爾蒙）都不建議，因為荷爾蒙會導致乳房增生（乳房肥大）、體重增加，或是會嚴重到需要緊急開刀的子宮炎。所以，使用藥物避孕只是短期之計，它只能用在日後仍有生育計畫的年輕母貓身上，而且一定要由醫生執行才行。

可以在母貓5、6個月大時或第一次發情後讓牠接受結紮手術。結紮之後不僅不會再發情，生殖器官也不會發生發炎（子宮炎）或腫瘤（卵巢癌）等疾病，更可降低罹患乳房腫瘤的機率。

● 公貓結紮

公貓一旦去勢（摘除睪丸），噴尿的問題通常就可以獲得解決；倘若問題仍未見改善（機率極低），就要判斷是否是因為焦慮所致。

公貓的個性通常於手術後會有正向轉變，也就是牠會變得不太愛往外跑，也不再那麼好鬥，反而更黏人！建議在貓5、6個月大時讓牠接受去勢手術。

> **經驗分享**
> 我觀察到公貓和母貓在結紮後的一個月裡，常會有體重減輕的情形，這對健康無礙，但飼主不應於此時拼命餵食，以免貓咪很快就胖起來了！

室內貓＝**肥胖貓**？

如果說少動容易讓體重增加，難道肥胖是公寓貓難逃的宿命？幸好不是！只要調整飲食，每天確保牠的身心處於良好狀態，就可以維持牠的曲線。

體重增加

在野外幾乎看不到肥貓，但卻有30～50%的家貓過重，甚至大部分已屬肥胖程度！而且數量正在持續增加當中。如果你知道肥胖會對貓的健康造成什麼影響的話（見第27頁下方專欄），就會知

結紮與少動會讓貓的體重增加，務必要注意牠的飲食。

道大事不妙了。這不是外形走樣的問題，而是肥胖所帶來的多種疾病會縮短貓的壽命！

● 活動量不足

就跟人一樣，少動和懶散也是已知的城市貓肥胖誘發因子，因為，當吃進去的卡路里比消耗掉的還多時，體重就會增加。當一隻貓可以出門、爬樹、攀爬柵欄和打獵時，一來牠的能量得以消耗，二來運動還有助於抑制食欲。但是，公寓貓因為不能動，所以只好拼命吃！吃得越多，當然會越胖，變胖之後就越不想動，隨即落入惡性循環之中。

● 結紮

由於性荷爾蒙可以增加維持身體運作所需的能量，也能調節食欲，結紮便成為肥胖的另一個誘發因子。不過，並非結紮後的公寓貓一定會變胖，這是一個可克服的毛病，預防也相當容易，全看飼主是否能夠堅持到底囉！

家有肥貓的主人心態

就貓肥胖症來說，公寓生活並不是唯一的元兇，主人的態度也有很大的關係。事實上，有許多飼主以為愛貓就是給牠東西

你知道嗎？

會致胖的荷爾蒙： 因某種病症（糖尿病、腎上腺功能亢進症等）或某種藥物（黃體素、皮質素等）所引發的荷爾蒙失調，也會讓貓發胖。這就是貓的體重若一下子大幅增加的話，一定要找獸醫檢查的原因。

吃，對他們而言，貓看起來胖嘟嘟的就表示牠吃得好，表示牠是備受寵愛的。這種「能吃就是福」的想法真是天大的錯誤！就這樣，他們一直做著傷害寵物的事，卻自以為做得很對！

除此之外，要建立那些會讓體重增加的儀式又很容易，誰沒有因為貓喵喵叫個不停而餵牠吃東西的呢？這種「餓極的貓的哀叫聲」其實是學來的行為，幾乎是被獎賞（即食物）所制約的反應。其實貓只是在打招呼而已！卻因為主人誤會牠的意思，才會強化這個行為。而牠對那碗滿滿的食物多半是只看不碰。

我的貓算胖嗎？

只要定期幫牠量體重就知道了，你可以抱著牠一起站在磅秤上。當體重超出理想體重15%到20%時就是過胖；比方說，歐洲貓的標準重量應是4公斤，如果超過4.8公斤就是過胖。一旦貓兒出現肥胖的初期徵兆，包括：肚子上有脂肪圈、不容易摸到肋骨、懶惰、嗜睡，飼主就該有所行動了。

肥胖的後果

肥胖會提高下列疾病的罹患率，因而嚴重危害到貓的健康與快樂：
- 糖尿病
- 關節炎
- 皮膚病
- 心血管疾病與呼吸系統疾病
- 免疫力降低
- 麻醉危險
- 胰臟炎

最後，要知道換食物也會讓貓發胖。貓通常喜歡吃新的食物，就算已經飽了，牠們還是想嚐嚐新菜色，以致食量比平時還大，結果便開始發胖了。

肥貓的心態

肥胖背後可能隱藏著貓不快樂的事實，動物行為學家經常見到罹患焦慮症的暴食貓。這跟我們心情有點煩悶時會狂吃巧克力是一樣的，患有焦慮症的貓通常也是貪吃貓，因為吃可以讓牠得到暫時的平靜。會讓貓焦慮的原因很多，居住於封閉環境可能就是其中之一（參照第18～19頁）。

如果說肥胖有時可能是行為問題引起的，它同樣也能改變貓的行為；牠會變得懶洋洋的，不愛玩、嗜睡，對家人的生活一點興趣也沒有（除了廚房裡的活動以外）。

肥胖還會導致關節炎急遽惡化，進而讓貓關節疼痛，令牠在清洗自己時變得困難。另外，皮膚病和關節炎所帶來的痛苦，還會讓貓變得易怒且具攻擊性，飼主要多注意！

預防肥胖的簡單方法

跟未結紮的鄉下貓相比，已

結紮的城市貓能量需求少得多，所以，就理論而言，牠們不該吃同樣的食物。後者應該要吃熱量較低、富含纖維（才能有飽足感）的食物。最好選擇工業生產、標榜「低熱量」或「結紮貓專用」或「室內貓專用」的高級飼料。要採任食制餵食（乾飼料最理想），而且別再更換飼料，貓咪自己會控制食量。你可以給牠吃點零食，但是分量要非常少（參照第53頁）。

當然，要維持貓的曲線，除了以上有關飲食的措施之外，還需要固定運動。既然你不能帶貓去公園，就把家變成健身房吧！有關室內布置和各種適合貓的運動，在後續章節裡會詳細介紹。

如何協助貓減肥？

不是每個人都可以為寵物訂定減肥計畫，你需要獸醫的協助，貓也得先接受體檢才行。獸醫會根據貓的健康狀況、年齡、飲食習慣和肥胖程度，設計一個在質與量各方面都符合牠的需求的飲食，並訂立一個目標體重及估計達成該目標所需的時間。

減肥一定得採漸進式，千萬不可讓貓挨餓，也不可危害到牠的健康（瘦得太快會對肝造成嚴重傷害）。要減去20%的體重需要4到6個月的時間，所以一定要有耐心，也沒有必要每星期量體重，每個月量1次就夠了。

● 減肥計畫必須配合能消耗熱量的遊戲，讓貓重新開始玩耍。

疫苗注射和驅蟲

真的很奇怪，公寓貓竟然也避免不了感染傳染病和寄生蟲！因此，疫苗注射和驅蟲可不能少！

疫苗注射是給牠的保護

在今日，貓已成為家中的一份子，「廿一世紀的寵物」這個頭銜也即將由牠獲得，可是在法國，10 隻貓裡卻只有 4 隻會定期接受疫苗注射，為什麼人們還是如此輕忽呢？原因不外乎是錢。許多飼主無法理解為什麼很少出門或根本不出門的動物也必須注射預防針？住在公寓這樣安全、封閉的環境裡，牠怎麼可能感染傳染病呢？

● 傳染方式

其實，這些飼主忘了自己也是會出門的，因而可能會透過手或鞋底把病菌帶回來，進而傳染

> **經驗分享**
>
> 一年一次的疫苗注射其實也是貓順便看醫生的機會，讓獸醫給牠做個檢查，以及早發現疾病，及早治療。

給寵物，家中的狗身上的毛和腳掌的肉墊也會把病菌帶回家！我們已經知道「貓瘟」（又名「貓泛白血球減少症」）病毒可以在環境中存活數個月之久。

另外，貓本身也是傳染源之一，牠可能自小就是細菌與病毒的帶原者，只要身上免疫力一減弱，病毒就會趁機繁殖（鼻氣管炎的病原體就是一例）。也有可能是在某個周末或假期裡，你的貓被你帶去參加某個貓聚，因而感染到病毒。

● 一定要接種的疫苗

不出門的貓至少要接種預防貓瘟、披衣菌肺炎和鼻氣管炎的疫苗。初次接種（三合一疫苗）包含兩次注射，中間間隔一個月，之後要每年追加，直到牠的生命終結。

如果你的貓會與其他貓接觸的話，建議還要接種貓白血病疫

苗。若要帶貓出國或去露營，或要將牠寄放在寵物旅館，就必須接種狂犬病疫苗。

真正的危機——寄生蟲

蛔蟲和蟯蟲是貓身上常見的腸內寄生蟲，不管牠出不出門，就算在家也並非毫無危險。驅蟲是很重要的工作，因為有些腸內寄生蟲是人畜共通的，最怕的是傳染給小孩！

● 傳染方式

室內貓可能的感染途徑有以下幾種：母貓透過乳汁傳染給幼貓；家裡的狗把蟯蟲傳染給牠（貓狗是會互相傳染的）；主人的鞋底沾了蛔蟲卵；花園裡和室內的跳蚤也可能是兇手（參照第40～41頁），因為牠們是傳遞瓜實蟯蟲的媒介。

此外，蛔蟲的幼蟲還可能寄生在幼貓的肌肉裡，形成囊孢，然後在幾個月或幾年之後突然「甦醒」，繼續發育成長，並朝消化道前進。

● 應該多久驅一次蟲？

建議貓每年至少要驅蟲兩次，終其一生都要如此，至於要針對哪一種寄生蟲則要請教獸醫。

高齡貓還需要定期注射疫苗嗎？

並非高齡貓就不須注射疫苗了，其實正好相反！從醫學角度看來，老年正是高危險期，老化和多病都會讓貓的抵抗力減弱。所以說，老貓的疫苗接種就跟幼貓的一樣重要，況且還可以順便給獸醫檢查身體，這對這個年紀的貓而言是很必需的。

不管幼貓是否生在公寓裡，3週大時就要開始每月驅蟲一次，6個月大到1歲時則是每兩個月驅蟲一次。母貓如果懷孕，則分別要在生產前15天與生產後驅蟲。

家裡若有小孩，驅蟲就得勤快些。只要在家裡發現跳蚤，就得讓貓接受蟯蟲治療。

● 感染徵兆

如果貓出現以下感染徵兆，你就得盡快幫牠驅蟲了：肛門搔癢、毛色黯淡、毛禿、消化有問題（腹瀉和便秘交替）、原因不明的輕微消瘦。倘若感染症狀有持續或加劇的情況，就要請獸醫治療。

■
你知道嗎？

毛球：腸內寄生蟲會增加毛球形成的危險，而導致貓嘔吐，還可能阻塞消化道。

預防**家庭意外**

中毒、摔倒、燙傷……對貓而言，公寓並非只是個舒服的地方，如果飼主不夠小心的話，它有可能會變成地雷區。不是有句話說「預防勝於治療」？

傻呼呼的幼貓常會亂咬家裡的植物並吞下去。

中毒

● 除蚤劑中毒

在法國貓中毒的首因是除蚤劑，其中又以合成除蟲菊精為最，許多品牌的狗除蚤劑裡竟然都含有這種成分！事實上，狗和貓對化學物質的敏感度不同，所以，即使是對狗無害的東西，例如：幼犬的項圈、滴管或噴劑等，都可能讓貓喪命！因此，除蚤劑務必使用獸醫推薦的牌子。

● 植物中毒

貓因為食入室內植物而中毒的案例還挺常見的。吃植物其實是食肉動物的一種尋常行為；牠們會吃身邊找得到的植物，或在吃獵物時連帶將其腸內的植物攝入（纖維量還挺可觀的）。不過，這並不代表每隻貓都會受植物吸引，或是貓對每種植物都會感興趣。

根據獸醫的經驗，幼貓常是此類意外的受害者，傻呼呼的牠們會把植物連根拔起或咬嚼花、葉；成貓通常比較謹慎，但也並非完全不會出事，無聊、焦慮和（或）封閉的生活，都可能促使牠們去吃植物，甚至還吃上癮了！

大部分的室內植物對貓而言都沒有危險，但其中還是有五十幾種會引起程度不等的中毒情

有毒室內植物一覽表 （本表並不詳盡）		
植物名	有毒部分	對貓 的毒性
孤挺花	鱗莖	**
海芋	葉、莖、根莖、乳汁	***
蘆筍	整株植物	*
杜鵑	整株植物	**
吊蘭	整株植物	*
菊花	葉、花	*
變葉木	葉、莖、乳汁	*
仙客來	根莖	***
萬年青	葉、莖、根莖、乳汁	***
榕	葉、莖、乳汁	**
槲寄生	枝幹、莓果	***
冬青	莓果、葉	***
風信子	鱗莖、葉、花	*
長壽花	花、葉	***
夾竹桃	葉、花	***
長春藤	葉	*
百合	葉、花	***
鈴蘭	種子、花、葉	***
蔓綠絨	葉、莖、根莖、乳汁	***
聖誕紅	葉、莖、乳汁	*
杜鵑屬石楠類	整株植物	**
虎尾蘭	整株植物	*
鵝掌藤	整株植物	**
鬱金香	鱗莖、葉、花	*
絲蘭	整株植物	*

植物的不同部位對貓的毒性
可能不同。

況，從無害的消化困難到死亡都
有可能。

　　最好的預防方法就是家裡不
擺放任何植物或花，但沒有綠意
的居住環境又有何樂趣可言？若
不希望貓碰你的植物，就專門為
牠準備一盆貓草（參照第53頁），
並把你的植物放在牠接觸不到的
地方（如牆高處狹窄的突出裝飾
上），定期在植物或花上噴灑檸檬
汁、稀釋過的辣椒醬也是一個辦
法，也可以在附近放味道刺激的
柑橘類果皮。若當場抓到貓吃葉
子，要想辦法轉移牠的注意力
（丟個球、襪子到牠身旁或朝牠噴
水）。最後，就是別用高危險性的
植物來裝飾家裡（參照第33頁的表
格）。

● 清潔劑中毒

　　貓也可能會誤食清潔劑，發
生這種情況時就要立即送醫，因
為這攸關性命。這種意外其實比
較容易發生在狗身上，因為貓對
酸、苦味很敏感，比較不會誤
食。但危險還是可能存在，所
以，飼主要知道毒性最高的清潔
劑，並且特別把它們存放在安全
的地方，使用時也要非常小心。

　　－碳氫化合物（礦油精、松
節油、溶劑、玻璃清潔劑、去油
劑等）：發生的情況可能是飼主
因為寵物被毛上沾了油漆而使用

> **警訊**
>
> 當貓中毒時，首先會出現的是消化症狀，如：嘔吐、腹瀉、大量流口水；也會有神經症狀，例如：抽搐、顫抖、怪異步伐，甚至癱瘓，嚴重的話還會陷入昏迷。

這類清潔劑，結果寵物舔了毛便
中毒了。

　　－洗衣粉：當貓誤食洗衣粉
時，千萬別給牠喝水，免得胃裡
起泡。

　　－漂白水、除垢劑、水管疏
通劑：這些清潔用品都具有腐蝕
性，會灼傷肉墊、皮膚、嘴唇和
食道。另外，因為這類藥劑毒性
很強，所以不管是要用漂白水來
清洗地板或給貓砂盆殺菌，都一
定要稀釋後才使用，並且要沖洗
乾淨。

　　－強力膠和辦公室用品（螢
光筆、馬克筆、立可白）：貓可

🔅 用來擦玻璃或去除油漬的清潔用品對貓特別危險。

別餵牛奶解毒！

牛奶絕不是什麼解毒妙方！如果看到你的貓食入有毒物質，絕對不可餵食牛奶，因為這樣一來，反而會加速毒物溶解，幫助腸胃吸收，使得中毒情況更加嚴重。這時還不如打電話給獸醫或毒物防治中心求助。

能在玩這些東西的時候，不小心吃下了，或是腳沾上後又被牠舔入肚子裡。

－室內植物的肥料：若食入會引起腹瀉與嘔吐。

－家用殺蟲劑：貓可能會食入殺蟻餌或殺蟑餌，當你噴灑殺蟲劑時貓也可能吸入或被噴到進而舔入肚子裡。

燒燙傷

貓雖然好奇心重，但也很謹慎，懂得遠離燭火和壁爐裡的火。然而，廚房裡還是存在著發生燒燙傷的危險，像貓喜歡爬上餐桌和流理台，一個不小心，就可能接觸到滾燙的液體（鍋裡的沸水、牛奶、炸油）。

電爐對貓和小孩而言都是最常見的陷阱，若不小心踏上去，是會燙傷肉墊的。如果貓真的燙傷了，首先你一定要用冷水持續為牠沖傷部數分鐘以降溫（切勿直接把冰塊按壓在傷處！）。如果燙傷部位不大，就在傷口上擦點

燙傷藥膏，再用繃帶紮起，旋即帶牠到診所請獸醫評估燙傷程度並給予治療。

要預防此類意外，就是在仍然很燙的電爐上加蓋爐罩，或在其上放一個裝有冷水的鍋子。最後，則是要禁止貓上流理台，以及看著在爐上加熱的牛奶！

外傷

尾巴被門夾到、肉墊被碎玻璃割傷、舌頭被罐頭銳利的邊緣

廚房真是個地雷區，如鍋內沸騰的牛奶可能會造成燙傷。

劃破、不小心被家具或重物砸到……，會給貓帶來外傷的家庭意外可說不勝枚舉。但是，話說回來，這些意外的發生頻率並不高，而且跟能夠出門的貓比起來，在室內受傷的機率可說低了許多。

　　貓天性好奇，喜歡爬上櫃子或在擺滿裝飾品的地方走動，還好牠靈活敏捷、平衡感又好，所以很少打破東西。這靈敏的動物可以從很高的地方（從大衣櫃上面）跳下來，卻很少會因落地姿勢不當，而發生骨折、扭傷和肌肉拉傷等情況。以下幾個簡單的預防措施，可讓居家環境變得更安全：要防止風突然把門帶上、垃圾桶要隨時蓋緊、不要把重物或玻璃製的東西放在不穩的家具上（像把剛使用完的熨斗留在燙衣板上）。

「傘貓」

　　從窗戶、陽臺或露臺墜樓是住在高樓的貓的頭號家庭意外，

護設施（參照第118～119頁）。

你知道嗎？

平安落地的技巧：研究顯示，受傷的嚴重程度和從幾層樓摔下來並非成正比，一隻貓從四樓跳下來可能身上只有輕傷，從二樓跳下時卻摔得很慘！一切端視摔落時間的長短，以及貓是否有機會把身體調整成與地面撞擊力最小的姿勢再落地。另外，「降落」處的表面也會有影響，草地（樹叢更好）會比水泥地更能減緩撞擊力！

別以為意外不會發生在你的貓身上，也別以為牠不會有往下一跳的念頭！「傘貓」（雖然牠沒有降落傘，我們還是這麼叫牠）是動物醫院最常見的急診案例，尤其是春天裡公寓窗戶大開的時候。運氣好的貓就只是受到驚嚇，傷勢並不嚴重；但大部分的貓這麼一摔就是骨折和頭部受傷，甚至還有致命的內出血。

為什麼貓會墜樓？可以確定的是那並非牠自願的，因為貓若估量不出距離，牠是不會跳的。幼貓和高齡貓最常發生此類意外，前者是出於魯莽與笨拙，後者是因為年老使得反應不再靈敏、身體不再柔軟。推測可能是在欄杆上失足，或為了抓蒼蠅、小鳥才不小心失去平衡而墜落。

不管你是住在公寓二樓或三樓，預防貓咪跌落的措施都很重要，例如：正開窗透氣的房間絕不可讓貓進去、沒人在家時窗子和落地窗都要關好、在窗子上加裝紗窗、陽臺與露臺上要設置防

觸電

觸電是很可怕的事，但很少發生在貓身上。幼貓比較會是這類意外的受害者，牠們可能因為好玩，而去啃咬電線或聖誕樹上的彩燈。觸電的後果輕則嘴巴灼傷，重則心跳停止。

如果你的貓有這種危險的行為，可以試試「遠距處罰」，比方說，拿水槍或噴霧器噴牠；也可在電線上塗點貓不喜歡的東西，例如：稀釋的檸檬汁、香茅精油或尤加利精油、辣醬……等，此外，還要提供多種玩具讓貓可以咬和一盆貓草。

溺水

貓可能會溺水，但不是因為不會游泳（牠天生就會），而是因為跌入水裡爬不出來而慌張起來；牠可能是在滑溜又陡直的浴缸或馬桶邊緣滑了一跤才跌進去，卻怎麼樣也爬不出來，最後累倒溺斃的。所以，要多留意你的浴缸，馬桶蓋也要隨時蓋上。

記得在使用洗衣機和烘碗機前，一定要養成先檢查一下內部的習慣，因為貓喜歡躲在偏僻、溫暖又舒服的地方睡覺。

使用烘碗機前一定要先確定沒
有貓躲在裡面才啟動。

害蟲和其他惱人問題

即使生活在公寓裡也一樣躲不了跳蚤這類寄生蟲。此外,在公寓生活特別容易產生毛球、過敏與接觸有毒物質。

看牠一副好癢的樣子!是染上跳蚤了嗎?

跳蚤

跳蚤是可出門的貓身上會有的頭號寄生蟲,但不出門的貓也一樣!貓能適應鄉下生活和城市生活,跳蚤一樣也能;在我們的公寓裡,牠同時找到了食物與住處(還包括暖氣),再也不需要往外發展。

其實,跳蚤成蟲一生絕大部分的時間都寄居於動物(貓、狗、鼬、兔、天竺鼠等)的被毛裡,以吸取飼主的血維生。由於其所產的卵會掉落在地上,未成熟的蟲體(蟲卵、幼蟲和蛹)便充斥於我們的環境中。

就溫度與濕度而言,公寓為跳蚤提供了理想的繁殖條件,而且全年提供!在公寓裡,跳蚤的生長週期甚至會加快,在兩、三週裡就可產下五百多顆卵!家裡一旦有了跳蚤,要請牠離開可就難如登天了。

● 貓身上的跳蚤是哪裡來的？

如果貓都不出門，那跳蚤可能是由人或其他動物帶來的；可能是你的鞋底或衣服上沾附了蟲卵、甚至是成蟲回來；貓狗是會互相傳染跳蚤的，所以家裡的狗也可能是傳染者；在陽臺或露臺上，貓可能結識了隔壁的貓，而一併認識了牠的跳蚤！最後，有許多室內貓是在週末和假期時去了一趟鄉下或其他地方，而感染跳蚤回來。

● 如何保護愛貓？

公寓貓整年都應該要做預防性除蚤。別再用項圈、除蚤粉或除蚤洗劑這些產品，它們既沒效用，又可能有毒。

現在獸醫都推薦使用滴劑，把一小管滴在貓肩胛骨之間的皮膚上（這樣牠才舔不到），藥劑就會自行滲透到皮下，發揮防蚤功能，通常效期可維持一個月。如果家裡還養有狗的話，也要順便幫牠滴一點藥劑。

● 環境除蚤

一旦在寵物身上發現這討人厭的東西，就務必要進行環境的除蚤工作。有人計算過，在動物身上發現一隻跳蚤，就等於環境裡存在上百顆的卵、幼蟲和蛹！

環境除蚤用品要採用獸醫所

跳蚤叮咬過敏

有的貓會因為對跳蚤唾液過敏而引發皮膚問題。這種過敏的症狀是大片或局部毛禿、背上或頸部有小腫塊、有抓傷或舐舐痕跡等。如果是這種情形，只使用除蚤劑是不夠的，還要請獸醫治療才行。

推薦的，那既是殺蟲劑（可殺死成蟲），也是跳蚤的生長抑制劑（可讓牠「失去生育力」）。並且要選用煙燻劑型，這樣才能將活性成分廣泛散布於環境中，而且要每個房間擺一個。至於像壁腳板、家具底下或床下這類死角，還要以噴劑補強。

處理完畢後要等待3個小時讓藥劑發揮作用，在這期間必須把動物帶離現場，3小時後讓房間通風，並用吸塵器仔細地吸地。

另一個方法是按月給貓服用跳蚤的生長抑制劑，可能是口服膏型，也可能是滴劑型。滴劑型產品會攙有殺蟲劑，使用前要先詢問獸醫。

其他惱人問題

● 毛球

貓每天花很多時間舐自己，所以會吃進很多毛，這些毛會在胃裡形成毛球。通常貓會把毛球吐出，但毛球仍有可能造成腸阻塞，進而引發便祕與嘔吐。

你知道嗎？

神奇的毛：貓的被毛是真正的「冬衣」，每平方公分約長有800根到1600根毛，是狗的兩倍！最外層的毛長且硬，它的顏色就是被毛的顏色，下雨時可防水，遇到危險時可豎起嚇唬敵人，酷寒時也可豎起禦寒；底層的毛細又有起伏，具有保暖功能。夏天時毛比較稀疏。如同馬毛一般，貓毛每週約增長2公厘，每幾個月就會週期性換毛。

公寓貓特別容易有毛球問題，原因如下：

－家裡沒有樹叢、樹幹可摩擦，也沒有草地可打滾，不然就可以藉此除掉許多毛。

－家裡時時保持溫暖，還有人工照明，便抹殺了季節對被毛生長的影響，使得公寓貓形同整年都處於脫毛期！

－封閉的生活讓貓覺得無聊、焦慮，這種種因素可能促使貓過度舔舐自己（牠這麼做可以放鬆），導致牠吃進更多毛。

－懶散和缺乏運動會減緩腸胃蠕動，而更容易產生毛球。

下列各種方法可以減輕毛球問題：

－固定替貓梳、刷毛，特別是在脫毛期，這樣牠就不會吞進

固定給貓刷毛可以預防毛球形成。

太多毛了。

　　－可以餵食貓草，幫助牠吐出胃裡的毛球（參照第53頁）。

　　－為了不讓毛阻塞胃腸道，可以在飼料裡加1茶匙石蠟，連續吃3天；也可以擠一些以石蠟為基底的緩瀉劑／化毛膏（動物醫院有售）在牠的嘴上或腳上讓牠去舔。

　　－獸醫可能會開1個月連吃3天的防毛球藥錠，建議長毛貓要特別做這種預防性治療。

　　－增加纖維攝取量也可有效改善毛球問題，所以市面上有些乾飼料的成分經過特別改良，可減少毛球形成（化毛專用配方）。

● 家中的過敏原

　　就像人一樣，貓也會對環境裡或食物中的一種或多種過敏原產生過敏。

　　在公寓裡，非食物性過敏要屬跳蚤叮咬過敏最為常見（參照第40～41頁），但貓咪也可能會對家裡的塵蟎過敏（歐洲塵蟎和美洲塵蟎）。塵蟎存在於灰塵、地毯、壁紙、沙發、扶手椅和壁癌裡，甚至蟑螂殘骸裡也有！

　　貓對這些過敏原的敏感症狀（也就是「異位性過敏體質」）有時會以氣喘發作為表現，但這並非最典型的。

　　有異位性過敏體質的貓會皮膚搔癢，所以牠會舔舐、搔抓個不停，因此會有局部性傷口（頭、頸、四肢尾端、腹部等）或全身性傷口。

● 二手菸

　　公寓貓的主人若為老菸槍，說牠會遭受二手菸害實在不為過。這真的會嚴重危害貓的健康，因為牠會受到雙重煙害，一是吸入煙（可能會造成肺部疾病），二是牠在舔自己時會把落在身上的有毒分子一同舔進去（會傷害消化道）。

　　相關研究顯示，二手菸會讓貓罹患癌症的機率增加1倍，如果持續暴露於菸害中超過3年，機率甚至會提高為3倍。

　　此外，有氣喘、慢性支氣管炎或鼻炎的貓如果住在充滿二手菸的環境裡，其症狀會加劇。所以，這又是一個戒菸的好理由，多為你的貓著想吧！

第三章

室內空間安排

吃飯的地方要安靜

天生少量多餐的貓對吃飯這件事很挑剔，不管是針對地點、氣氛，還是餐具、食物，這位難討好出了名的美食家，對每個細節的要求可是很高的。

理想的用餐地點

不管野貓、家貓，都喜歡在安靜的氣氛下進食，沒有約束、沒有競爭，更不要有壓力。

在野外，貓捕到獵物後並不會當場吃掉，以免被另一隻餓壞的貓、禿鷹或比牠體型更大的掠食性動物看到而節外生枝，牠會把獵物帶回自己的窩，這樣才能安心地吃。這就是可以外出的家貓會把打獵的「戰利品」（老鼠、小鳥等）帶回家的原因。

所以，在公寓裡，貓吃飯的地點一定要固定、安靜（不要靠近收音機、吵鬧的洗衣機等）且乾淨（貓很在意這點！），也要在一個牠隨時到得了的地方，不管白天、晚上，因此，廚房的角落最適合。

即使正專心吃著飯，貓也不喜歡有人在牠背後走動，這就是我們不該把碗放在走道上的原因，這樣也可避免不小心碰到碗，而將裡頭的食物灑出！

食碗可以放地上或高處，放高的好處是貓得先跳上去才吃得到食物，如此一來，便可以強迫牠做點運動。如果家裡還有狗的話，就一定得把碗放在高處了，因為狗很喜歡貓食。

注意！不要將食碗放在靠近貓砂盆的地方，這會讓貓很不舒服。在野外，吃飯區和排泄區是清楚分開的。況且，誰願意在廁所旁邊吃飯呢？同樣地，把碗放在我們的廁所裡也不對！

建議你用一塊容易清洗的餐墊（或塑膠墊也行）來墊著碗，

該有一個或多個吃飯區？

把貓的食碗放在廚房裡是最普遍與方便的做法。當然，你可以在其他房間另闢第二個進食區，如果可能的話，也請盡量把食碗放高，牠會覺得很有趣，還可以順便促使牠運動。

不要將食碗放在通道上，
貓喜歡在安靜環境吃飯！

也算是標示出貓的用餐區。這麼
做的話，一來碗就不會滑動，二
來因為比較顯眼，放在地上的碗
就不會被人踢到。

要選擇何種食碗？

　　答案可能會令你很驚訝，其
實什麼容器都可以。美觀與否並
非唯一條件，理想的碗應該是：
　　－不過窄，也不過深：貓即
使在吃飯時還是會眼觀四周，像
狗所用的很深的碗或錐形底的碗

有幾隻貓就要有幾個碗？

應該要讓每隻貓擁有各自的食碗，別讓所有貓共
用一個大盤子，因為貓不喜歡彼此鬍鬚相碰。
當每隻貓的食物內容都不同時，事情就會麻煩許
多，因為我們無法時時監督牠們，看牠們有沒有
吃錯碗。不過，還是有幾個訣竅的：
－把幼貓的碗藏在一個紙箱裡，讓紙箱開口大小
只容得了幼貓進去，而成貓是進不去的；
－如果不想讓肥胖的貓吃別隻貓的食物，就把碗
放高，十之八九牠會因為過胖而上不去。

就不適合貓。另外，如果吃飯
時，牠那敏感的鬍鬚會碰到碗邊
緣的話，也會令牠很不舒服，所

47

以，碗的內部直徑應該要比牠的臉部直徑（包括鬍鬚在內）大得多。因此，理想的容器可以是個小碟子（深淺不拘），或是淺、寬、平底、邊緣約3公分高的容器。

－材質適當：也就是說耐洗（包括可以用洗碗機洗，這點得看清楚使用說明）、耐撞。我不推薦使用那種鑲金邊的細緻瓷碗，玻璃、陶瓷、硬瓷、陶器或不銹鋼等材質都可以。塑膠製的行不行？也可以，只要時常更換就好，因為它容易沾上食物的味道（鼻子如此敏銳的貓可不喜歡碗裡有太多味道），而且時間久了，碗的表面會變得坑坑疤疤的，變味的油漬就容易附著其上，洗碗精也會。

至於食碗的顏色和花樣對貓而言並不重要，所以，只要你喜歡就可以了。

不過，貓不喜歡改變，特別是焦慮型的貓，就不要再給牠更換形狀或顏色不同的碗，動物也是有牠們的小怪癖的！

你知道嗎？

變換口味：即使你是餵貓吃乾飼料且採任食制，並不代表你不能偶爾給牠一小塊肉、魚或幾隻煮熟的蝦子（如果牠的胃腸可以接受的話）。不只牠高興，看到貓那麼迫切地想吃人們的食物時，我們也會很開心！

飲食要均衡

室內貓想得到均衡且符合其個別需求的飲食完全得靠主人。飲食上若有任何不當，牠既無法自行外出打獵覓食，也不能吃隔壁的貓的食物來彌補！同樣地，公寓貓因為活動量變少而容易發胖（參照第26～29頁），食物就變成維繫牠身心健康快樂的一項要素。

● 順應牠少量多餐的習性

貓是獨立行動的獵人，若是在野外，為方便搬運，牠會獵捕比自己小得多的獵物，例如：齧齒類、鳥類等。

由於貓一天之內要吃上十到二十隻獵物才能維持能量需求，便造就了牠「少量多餐」的習性。只在早、晚各餵貓一次（如同餵狗那樣）的飼主就是不了解貓的習性。

倘若貓一天只吃兩餐，每次為時兩分鐘（貓吃一次飯的平均時間），牠可能會開始出現攻擊性等行為問題，這是因為好幾次肚子餓都找不到東西吃所引發的焦慮表現。就好像你毫無理由地被禁吃午餐，只好痛苦心焦地等待晚餐一樣。

貓如果自小就隨時有東西可吃，牠就會自動將一天的食物分

成十到二十次進食，所以並不太會變胖！

脂。事實上，有些養分是貓的身體無法自行合成的，只能從肉或魚裡獲取，例如：維生素A、花生四烯酸等脂肪酸，以及牛磺酸、精胺酸等胺基酸。

● **吃工業飼料或自製貓食？**

貓可說是完全肉食者，需要攝取大量的蛋白質和動物性油

然而，並不是只給貓吃塊牛

○ 一天只吃一、兩餐的貓會因為飢餓的壓力而開始偷東西吃。

排或魚排就夠了！若這樣子吃，你的貓很快就會生病了！其實牠還需要補充慢醣（煮熟的穀類）、纖維素（綠色蔬菜等）、植物油、礦物質和維生素的補充品等。

➡ 採任食方式餵食乾飼料最符合貓少量多餐的習性。

要訂出一份貓的理想標準食譜是不可能的，因為每種成分的比例要依個別動物的狀態（年齡、體重、生理狀況、活動量等）和食材（來源、種類、品質和烹調方法）來調整。最後，做出來的食物也要貓肯賞光才行（貓很挑嘴可是眾所周知的），我們還要祈禱牠不會只挑牠喜歡的吃！這就是營養學家不建議只餵食自製食物的原因。

今日市面上所賣的飼料成分公開、固定，保證營養均衡，可提供貓所需的各種營養。而且餵食工業飼料便完全不必再補充任何營養。另外，乾飼料、罐頭、鋁箔盒、妙鮮包……，不論是產品型態、品牌及口味，飼主皆有眾多選擇。但可千萬別受價錢、廣告或包裝左右，因為公寓貓的營養需求是很特殊的。

● 乾飼料最好！

所有專家一致認為，乾飼料最能配合貓少量多餐的習性！

罐頭或其他「濕飼料」的缺點，一是太過好吃，會令貓吃過量，二是在室溫中的保存期限有限。此外，一旦開封，香味和風味很快就會消失，擺了幾小時後貓根本不會再碰。因此，最好還是餵食乾飼料，並採任食制（讓碗永遠是滿的），日夜皆同，旁邊再放個水碗，你的貓就會固定來吃個幾口。

你就是想給牠吃牠最愛的罐頭、鋁箔盒或妙鮮包？那也沒關係，但一次只能給一點點，只能作為乾飼料正餐外的額外點心！不過，若是你的貓已經開始發胖，就完全不建議，因為在飲食上做變化只會讓牠吃得更多！

也有不能吃乾飼料的貓，可

任食制會導致暴食？

不要被以任食制餵食乾飼料的方法嚇壞了。其實，開始採行任食制時，貓會狂吃幾天，接著，牠就會學著自律，自動把一天要吃的分量分好幾次吃完。

能因為牠不肯吃，也可能是牠生了病而醫生指示牠不適合吃「乾的」飼料。如果是這樣，飼主要盡量在一天內多次餵食少量的濕飼料。至於你不在家的時候，只好花錢買一個自動肉泥餵食器了！

別忘了水碗

跟狗比起來，你會覺得好像很少看到貓喝水，如果牠吃的又是罐頭的話更是如此。甚至有飼主表示自己從未見過愛貓喝水！

家貓的確從牠那生長在沙漠的祖先身上，遺傳了少喝水的特性和濃縮尿液的能力。事實上，非洲野貓主要的水分來源是獵物，但偶爾牠們也是需要喝水解渴的。

● 水要新鮮、乾淨

在家裡，一定要隨時為貓準備一碗新鮮的水。如果貓吃的是乾飼料的話，一天牠會去喝個 10 到 20 次（舔幾口而已）；如果牠吃的是濕飼料（含有 70%～82% 的水），喝水次數就會減少一半。請不要將水碗與食碗擺在一起，因為很多貓不喜歡喝水時鼻子聞到食物的味道。

每天都要換水，或隨時更換（如果有食物掉進去的話）。最理想的方式就是裝一個「貓飲水器」，

可隨時提供經過曝氣、過濾和冷卻的水。

● 喝自來水或礦泉水？

自來水就可以了，除非它聞起來有化學藥劑的味道，或是有貓不喜歡的味道（氯）。

貓有著專門品嚐水的味覺神

⬇ 即使飲水量少，貓還是需要有碗新鮮的水來解渴。

經纖維，所以牠能分辨自來水和礦泉水這兩種來源不同的水。如果能將水過濾或給牠喝泉水是最好的。不過，如果貓生病了或牠容易有尿路結石的問題，就別給牠喝礦物鹽含量過高的礦泉水。

免油脂分子沉澱與氧化，那往往是造成貓不吃飯、不喝水的主要原因。

● 飼料該如何保存？

遵守飼料保存方式也是很重要的。罐頭一旦打開了，最多只能在冰箱存放2天（要用保鮮膜包好或用蓋子蓋好），在室溫下則只能放2到3小時而已！事實上，罐頭開封後，不只會氧化和遭受污染，食物的營養價值（如維生素）和官能性質（香味與風味）也會漸漸消失。

乾飼料則是在室溫下放一天都沒問題，只不過，隔夜的飼料

為何貓要喝水龍頭流出的水？

流動的水與死水相比，貓自然偏愛前者，那是因為在野外流動的水水質較好（持續流動表示含氧高）。針對喜愛喝水龍頭或蓮蓬頭流出的水的貓，只有一個解決辦法——買台貓專用飲水機給牠。

容器保養和飼料保存

● 容器的清洗

容器一定要天天洗，並且要沖洗乾淨，畢竟牽動食欲的是嗅覺，任何殘留的洗碗精氣味都可能讓你的貓喪失食欲。這時洗碗機就可派上用場。

天天清洗水碗和食碗還可避

要讓貓自小習慣吃貓草。

就一定要丟掉！除此之外，如果不小心沾了水或故意加水在裡面的話，1、2個小時後一定要丟棄。

飼料袋開封後必須密封好，並儲放在乾燥陰涼處，這樣還可以保存好幾個星期（最多1個月）。最好把它收藏在密封罐（金屬或塑膠製）裡，但別放進冰箱。

貓草

別忘了在食碗旁放一小盆貓草或一盆速成貓草，前者可在花店買到，後者在大賣場或寵物店裡找得到。

貓很喜歡吃穀類（小麥、大麥、燕麥或黑麥）芽苗，可幫助牠們吐出胃裡的毛球，而纖維又具有消除便秘的功能。

有了貓草，貓也就不會對你的植物產生興趣。貓草也是沒有花園可去的貓的營養補充品。

該不該給貓吃零食？

貓食生產商所推出的零食口味可說越來越多樣化。倘若你的貓飲食均衡，零食就非必要。而且零食通常是小包裝又經過脫水處理，我們很容易就會餵太多，問題是，這些東西的成分都是脂肪和蛋白質，萬一貓吃上癮了，

就容易變胖。所以，一次只能給一點點，而且要配合遊戲餵食，例如：把零食藏在打結的襪子或空心玩具裡讓貓去找。

要變換口味，偶爾也可以給牠「自家品牌」的零食，既好吃又不會破壞牠的飲食均衡，例如：鮪魚片、一匙天然優格、幾隻蝦、幾粒火腿丁、一點烤雞肉，甚至甜瓜等，但絕對不可以是含有糖分或巧克力的東西（含糖乳製品、冰淇淋、甜味優格、糕點）。

要注意貓特別愛吃什麼，然後告訴自己餵牠吃這些食物是屬於放鬆儀式的一部分。

貓的口味

貓的舌頭上只有473個味蕾（人有9,000個），因此牠的味覺並不靈敏。貓對食物的抉擇多半受嗅覺而非味覺指引：酸味和苦味相比，牠會挑選酸的，最喜歡的口味是鹹味，對甜味則一點興趣也沒有。事實上，這跟牠的飲食習慣有關，肉食性動物對甜味（即富含碳水化合物的東西）都不太敏感，這是因為牠的飲食中本來就較少碳水化合物。肉類食物已富含鹽分，所以鹹味對牠而言並不重要，既然牠不須在食物裡尋找鹹味，因此，在貓食裡加鹽是很荒謬的！牠對苦味的高敏感度，不僅讓牠得以避開通常是苦味的有毒物質，連你費心藏在肉泥中的藥也很容易被識破！

經驗 分享

對貓而言，最理想的零食之一就是啤酒酵母錠，它不只美味，還可讓牠獲得對皮膚和被毛有益的維生素與微量元素。另外，把藥錠塞在玩具裡也很容易。

購物時間

食碗

貓的食碗一定要淺、底寬，碗壁不高且口徑夠寬，這樣貓才能邊吃邊監視四周動靜。碗的直徑一定要大於貓頭部的直徑。

釉瓷、陶器、不銹鋼……不管是什麼材質，它一定要堅固且容易清洗（可以放在洗碗機裡洗）。塑膠材質的也可以，但必須固定更換，因為這種材質用久了會越來越粗糙，還會沾上食物的味道。

這種架子可以區隔水碗與食碗。有許多貓不喜歡在喝水時聞到食物的味道。

自動肉泥餵食器

這種產品很適合吃「濕」飼料的貓；它可以在一天內的幾個固定時刻為貓備好食物，同時能確保食物新鮮（具冷藏系統）。

速成貓草

這些穀類芽苗只要加水，置於貓碗旁，就可以給貓「一片綠意」。貓草對於沒有院子可去的貓是很重要的。

飲水器

水清涼又持續進行過濾，而且因為不停流動，所以含氧量高，貓會很喜歡喝。

睡覺的地方不只一個

貓 一生中有一半以上的時間都在睡覺！這也說明了這項（非）活動的重要性！牠不是哪兒都可以睡，倒是喜歡換地方睡。你可以增加牠的選擇，讓牠開心。

貓是嗜睡冠軍

　　家貓一天平均要睡上12到16小時，是其他哺乳類的2倍，為睡眠最多的動物之一。為什麼貓需要這麼長的睡眠時間？這對科學家而言仍然是個不解之謎，他們並不認為這是因為貓生性懶惰，

畢竟在野外，野貓得自食其力，牠必須設法覓食，同時還要提防敵人。不過，貓清醒的時候雖然行程緊湊（牠每天必須抓二十幾隻獵物維生），牠一天還是會睡個12小時左右。被人收留後，一來覓食容易，二來生活變得舒適，睡眠時間又更長了。

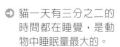
貓一天有三分之二的時間都在睡覺，是動物中睡眠量最大的。

● 夜間狩獵者

貓一天內有65％的時間在睡覺，但是這並非指牠一個晚上連續睡這麼久。貓跟人不同，人是長時間休息，而牠是把總睡眠時間分為幾次小睡來完成，有時淺睡，有時熟睡，其餘時間就是活動期。這些休憩、睡眠時間都集中在白天，到了夜晚，牠就會變得活躍，因為這正是獵捕小囓齒動物的好時機。

幸好，當貓住在公寓時，就會配合主人的作息，變成白天活動。然而，若是飼主讓貓單獨在家一整天，又沒有提供牠視覺刺激（如玩具等）的話，牠就會利用這個時間睡覺，等主人晚上回家後，就不得安寧了！

● 尊重牠的睡眠

我們不可以認為貓睡覺是在打發時間，睡覺對牠而言是很重要的，可以讓身體休息，重新儲備能量，以為下一個活動期做準備。

但睡眠不只有這項功用；當貓沉睡時，每15到20分鐘就會出現「異型睡眠期」，做夢就是在此時發生。異型睡眠期會持續5到7分鐘，在這段時間內，貓的腦部活動會特別劇烈，牠不只會做夢，腦中還會挑選、儲存或刪除每日活動中所接收到的各種訊息。

睡眠對貓的記憶和學習扮演

⬆ 椅子上加個軟墊就是貓睡覺的理想地方。

很重要的角色，這點就跟我們人類一樣，所以，不要吵醒一隻熟睡的貓。

至於幼貓就更不用說了，幼貓的睡眠時間與做夢都比成貓多，因為睡眠不只會影響腦部的發育與學習，還會促進荷爾蒙分泌——這對成長而言是不可或缺的。

你知道嗎 ?

牠夢到什麼：身體在顫抖、耳朵在動、腳在推揉、尾巴在拍動……，毫無疑問，你的貓正在做夢！根據各個研究顯示，我們的貓夢到的不外乎打獵、打架、清理自己和美味的食物等事。牠在睡夢中可能感受到的情感包括：興奮、憤怒或恐懼，也就是說，貓可能會做惡夢。不過，科學家認為牠不會做春夢！

⊃ 貓很喜歡在高處睡覺,特別偏愛更衣室裡收藏暖和毛衣的架子。

在高處睡覺

　　如果你一整天都待在家陪貓的話,你會很驚訝地發現牠睡覺的地方還真不少!牠當然有偏愛之處,但也會隨時發揮創意,倘若環境允許的話!貓不喜歡睡在地上,更不喜歡硬梆梆的地方(沒有地毯),只有在大熱天才會睡在清涼的瓷磚地板與露臺上,或冬天時躺在有陽光的陽臺上。牠會出於本能地選擇高處,因為在

野外，牠寧可自己先察覺敵人而不是被敵人看到！可別忘了牠既是爬樹高手又屬掠食性動物。身在高處，牠可以監視四周和牠的小世界。這就是貓通常睡在你人身旁的原因；你做飯時，牠會在廚房裡的椅子上睡；你在書桌前忙時，牠就在桌上睡；你看電視，牠就在沙發上睡。

典型的錯誤是在房間一角放一個貓床在地上，像狗屋那樣，你的貓一定會對它嗤之以鼻！

安靜與舒適

在高處睡覺的另一項好處就

牠是貓不是狗！

對狗而言，睡在高處（扶手椅、床等）是領導者才有的特權。相反地，貓的睡覺處並無社會價值涵義，也就是說，牠睡在高處不代表牠是首領，只是為了方便監視家裡的動靜和每位成員的一舉一動罷了。

是不受干擾，貓跟我們一樣也需要安靜才能休息。雖說晚上當我們看電視那麼吵的情況，牠依然能夠在我們的膝上睡著，但一般而言，太過吵雜、熱鬧的房間牠仍是不會去的。毫不遲疑地跳上櫃子睡覺的牠，彷彿急於與世界切斷聯繫。

牠也喜歡有遮蔽、甚至是封

⊕ 舒適又溫暖之處（暖氣加上陽光），正是打盹兒的好地方！

閉的角落（櫃子、洗衣槽、籃子、抽屜等），這些地方會讓牠覺得彷如洞穴般地安靜、隱密。

牠還很講究舒適與否，所以會優先選擇柔軟的地方。不過，有時牠會睡在堅硬的地方，擺出的姿勢在我們看來也是非常不舒服的，貓實在是充滿矛盾！

越暖和越好！

不管是夏季或冬季，貓都喜歡待在日光下。在公寓裡，只要有一絲陽光射進玻璃或窗戶，貓就會待在那兒，一臉心滿意足。對牠而言，溫暖就代表舒服，那也是牠選擇睡覺場所的標準：靠近熱源（暖氣、熱水器、壁爐等）、在高處（這些地方的溫度較高！）、在陽光下、在暖和的東西上（毛衣、毯子、棉被等）。

此外，貓對溫度出奇敏感，要我們接近40℃～45℃的物品就很痛苦了，但超過50℃以上對貓而言也不成問題，這就是牠喜歡睡在暖爐或壁爐前的原因。

貓的眾多睡姿中，全身蜷成一團應是牠最喜歡的一種，因為這種姿勢是最暖和的。這個姿勢是一個很好的室溫指標，越冷，牠會縮得越緊！牠最喜歡底部柔軟、可以讓牠蜷成一團且別人看不到的地方，例如：圓形籃子、睡床、鞋盒等，這些地方既溫暖又能提供安全感。

該把牠的睡床放哪兒？

你剛給貓買了一個睡床、睡籃、毯子或地毯，但不知該放哪兒才好。以下是我的建議：

—放在客廳：可以放扶手椅、沙發一角，或是椅背上、書架上、置物架上、櫃子上、窗台上（室內）、書桌一角；

—放在臥房：床上、衣櫃上或衣櫥裡的架子上；

—放在廚房：放在椅子上或冰箱上。

要選擇有日照或靠近暖爐的地方。如果1星期後貓依舊沒有使用那個床的話，就表示它放錯位置了！

最後，你要相信貓有能力為自己覓得一個睡覺的好地方。就風水來看，貓都選擇「氣」不利於人之處，也就是說，貓愛待的地方不一定受人類歡迎！倘若牠看上你的一把老扶手椅，就讓牠待著吧，不然就把椅子換個地方放。

> **經驗分享**
>
> 不要因為陽光會移動就主動挪動貓的床，以為這樣可以讓牠多享受一點陽光。貓不喜歡人家破壞牠的小空間，包括被我們移動位置的物品。讓牠自己找喜歡的地方睡覺吧！

貓總是會找一些不尋常、甚至很不舒服的地
方睡覺，像是水槽！

購物時間

圓形鬆軟睡床

理想的睡床形狀為圓形或橢圓形，大小要適合貓的體型，邊緣要高，這樣牠才有地方倚靠並有遮蔽感。表面布料必須質感柔細（如絨布、刷毛布等材質），填充物要鬆軟，因為貓在睡前會先「推揉」一番。

仿羊毛鬆軟睡床

貓喜歡厚且柔軟的睡床。要選擇「保暖型」（牠非常喜愛！）又可以用洗衣機洗滌的材質。

立方體睡床

喜歡舒服又溫暖的躲藏處的貓會很喜歡這種床。它還能作為遊樂場，可以放一些零食和玩具在裡面。

暖氣吊床

這種床結合了舒適、溫暖與高度三大要素。金屬製的骨架可輕易固定在暖氣上，再加一個觸感舒適、不會硬梆梆的布套。

墊子

或圓或方或三角，可隨處放，例如：椅子上、矮櫃上、架子上、冰箱上、暖氣下方等。

貓帳篷

貓很容易就會接受這種貓窩，它具備舒適、溫暖、安全感和隱密感四項要素，貓會很喜歡待在這個人工洞穴裡。可放在地上。

柳籃

貓會很喜歡，因為睡醒就可以直接在上面磨爪！要在裡面加個軟墊。這種籃子要放高，別放地上。

廁所要乾淨

貓 的廁所可不是一個可以忽視的地方。畢竟愛乾淨是貓的天性，只要廁所有任何問題，都會讓牠反常的……

愛乾淨冠軍！

看到剛來到家裡的貓就知道在貓砂盆上廁所，哪位飼主沒有為此感到驚喜萬分？這種愛乾淨的習性一部分是天生的，一部分是幼時習得的。

在野外（在花園裡也算），貓基於本能會在地盤附近的幾個固定地點排泄，事後會將排泄物埋好，這是為了不讓敵人或獵物發現自己的蹤跡，以保護自己的安全。

貓這種行為建立於4週大時，

◗ 不管在室內或室外，貓都很注重清潔；牠會在幾個固定的地方上廁所，而且是在鬆軟的物質上，事後會仔細地掩埋排泄物。

一部分屬於本能反應（扒土與掩埋），一部分是模仿而來——幼貓從母親身上學到必須在貓砂盆或花園一角上廁所，而不是窩裡。

到了新家，幼貓自然已經知道要在貓砂盆上廁所，不只因為小時候媽媽教過，貓砂那鬆散的材質、貓砂盆所處的偏僻位置，以及氣味，都告訴牠那裡是上廁所的地方。

相反地，若是太早跟媽媽分開的幼貓，要學會正確使用貓砂盆就需要一點時間了。

貓砂盆的樣式

今日貓砂盆的種類繁多，從簡單的長方形塑膠盆到「拋棄式紙箱貓砂盆」，再到電動貓砂清理盆，讓人目不暇給！

選擇貓砂盆時，首先要考量的當然是貓的感覺；貓砂盆一定要符合牠的體型，好讓牠能在裡面輕易轉身，盆內的四個角落都要可以用！

雖然盆子的體積小可以節省空間，但對成貓而言，盆子若小就會比較快變髒，牠便越有可能在盆外或乾脆去其他地方排洩（如浴缸裡）。不過，幼貓就要用小盆，而不要用太大、邊緣又高的盆子。

有蓋的貓砂盆可以掩蓋臭

> **經驗分享**
>
> 如果你不只養一隻貓的話，最好讓每隻貓擁有自己的貓砂盆。所有貓砂盆可以放在同一個房間裡，但彼此之間要保持距離，也可以放在不同房間裡。絕不能讓貓搶著使用貓砂盆的情形發生。

你知道嗎？

電動水洗式貓砂盆：這是由一家美國製造商所開發生產的產品！整台機器跟一個傳統水龍頭相連，機器會在貓離開貓砂盆後自動啟動，將貓砂清洗乾淨並烘乾，還附有一支鏟子會自動將糞便鏟起。網址：www.catgenie.com

味，貓砂也不會弄得到處都是，需要隱密性的貓就會喜歡這種款式，但偏愛露天式廁所的貓可能就不喜歡！這得讓你的貓試過才知道。注意要選擇盆大蓋高的，這樣牠才能夠在裡面抬頭。有蓋式廁所最不方便的地方就是因為飼主不容易看到貓砂而時常會忘了清理！

有蓋式貓砂盆的入口一定要

⬇ 貓砂盆要適合貓的體型大小，不可讓牠在貓砂盆裡感到壓迫。

夠寬，空氣才能流通，因此不建議附推門的款式，它會讓貓有壓力，感覺好像被「關」在裡面一樣。另外，這種設計通風不良，很容易就會造成潮濕、發酵，臭味也會比較重。面對如此濃厚的尿味，貓很快就會心生厭惡！

要慎選貓砂

貓砂的花費僅次於飼料！要選擇哪一種也不是那麼容易決定，一來貓很挑剔，二來有關貓砂的新發明還真不少，有新的合成物、新顆粒尺寸、新型態，還有添加香味的產品等，怎樣才能弄清楚？而且品牌與包裝五花八門、價格不等。其實，並沒有哪一種貓砂絕對是貓最喜歡的，但至少有一種產品最適合你的貓。

● 兩大類貓砂

貓砂分成植物型與礦物型兩類。

－植物砂：此為農產品或林業產品（亞麻桿、大麻粉、松或杉木屑、玉米梗等）。跟礦物砂相比，其銷售量少得多，但是比較環保。因為是再生製品，可完全分解並倒入馬桶裡丟棄（礦物砂可不行！），或當肥料再利用。另外，它很能吸水，也不會製造粉塵。

－礦物砂：其成分為天然黏土（膨潤土、海泡石、矽等）、白雲石、石灰、石英砂等礦物。雖然目前市面上最常見的仍是傳統貓砂，但是有逐漸被凝結型貓砂取代的趨勢，後者較為昂貴，主要成分幾乎全是膨潤土，特色為吸收力和除臭力超高。黏土顆粒只要一碰到尿液就會凝結成塊，很容易用鏟子連同糞便一起鏟起。使用黏土貓砂的好處是如果每天都加以清理的話，貓砂就能夠保持乾淨，也可使用較長的時間。

－矽晶貓砂：這是礦物砂的最新產品，顆粒像透明珍珠，能抑制臭味、迅速吸水與鎖住水分，貓砂在幾秒鐘之內就會變乾，並不會結塊。清潔方式就是每天將糞便取出，最後等顆粒都「吸飽水分」了，也就是變不透明後，再整盆換掉即可。用過的貓砂還可以作為肥料，它是可以分解的。這種新一代的貓砂不會產生粉塵，使用方便，但是價格比凝結型貓砂還高。

有香味的貓砂好嗎？

貓砂的香味其實是給飼主聞的。有些貓可以接受那個味道，有些貓則不，甚至會乾脆拒絕使用。撒在貓砂下的除臭劑可以掩蓋臭味，但缺點是會令我們忘了清理貓砂而讓細菌孳生，此外，還可能會刺激貓的肉墊。

● **要選擇哪一種**？

　　不管是礦物類還是植物類貓砂，不管它有沒有凝結力，也不管是膨潤土還是矽晶，一切都要看你的貓喜不喜歡（牠可能會討厭其中某些材質），以及所能帶給你的好處（方便性與價格）。要注意的是，別因商店的特惠活動而時常更換品牌。一旦找到理想貓砂，就不要再更換了，因為味道和顆粒大小不同的新貓砂會給貓帶來壓力，牠甚至會排斥。一般原則就是要選擇吸水力強的，這樣粉塵才會少，尤其如果你的貓又有呼吸問題或氣喘的話；還有顆粒要細，這點則是考慮到貓掌的觸感。

貓砂盆要放哪兒？

　　決定貓「廁所」的位置這件事可不能馬虎。首要考量因素一定是貓的感受，很多貓隨地大小便的例子都是因為貓砂盆的位置不對。

務必要乾淨！

貓砂盆的清理很重要，否則，貓會因為裡面太髒了而在盆外排洩！若使用傳統貓砂，每3天就要整盆換掉，凝結型貓砂則是每星期，水晶貓砂是每個月，更換頻率視貓砂種類而定。換貓砂時，盆子也要順便清洗乾淨。若是用凝結型貓砂，就得每天將糞便與尿塊鏟出。

　　若不希望貓心生排斥，貓砂盆的擺放只須遵循下列幾個簡單的原則即可：

　　一一定要遠離牠吃飯的地方（參照第46頁）；

　　一要在一個安靜且偏僻的位置，最好不要放在人來往頻繁之處（如走廊）和門附近。另外，為了讓貓能在安靜中解放，也不要放在吵鬧的家電用品旁（洗衣機、洗碗機等）；

　　一要放在一個白天、晚上都去得了的地方；放置貓砂盆的房間一定要是貓能隨時進去的。若是放在陽臺，就得加裝貓門；

　　一所在之處是別種動物去不得的：一定不能讓家裡的狗打擾貓上廁所的安寧。

　　一般而言，貓砂盆可以放在廚房、浴室、儲藏室等處。注意要選擇地板好清理的地方（磁磚、亞麻油地氈），也不要每個星期都變換它的位置！

　🔄 基本原則就是不要突然改變貓砂種類，因為不同的氣味與顆粒粗細都會給貓帶來壓力。

貓在浴缸裡大小便！

貓可能會把浴缸、洗手台或花盆當作廁所，這不一定代表牠不愛乾淨，而是受到浴室裡漂白水的味道或是花盆裡的鬆軟泥土吸引。若發生以上情況，首先要確定貓砂盆不是太髒了，或是擺放的位置不對，而給貓帶來壓力，然後在貓砂上滴幾滴漂白水。至於浴缸就用加了醋的水沖洗，別再使用漂白水或阿摩尼亞。

購物時間

樣式簡單、有加高設計的貓砂盆

塑膠材質的貓砂盆一定得符合貓的體型，牠要能在裡頭輕易轉身。加高設計可以防止牠在扒砂時把砂撥出，但如果貓有關節炎就不建議採用這款。

若飼主家裡的空間有限，還有這款牆角型貓砂盆。

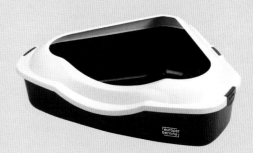

如果你的貓有關節炎，可選擇這種貓砂盆，其邊緣雖有加高設計，但獨留一邊方便牠跨入。

落砂墊

用來置於貓砂盆入口，這樣貓從盆裡出來時，腳下夾帶的砂與灰就會留在墊子上。

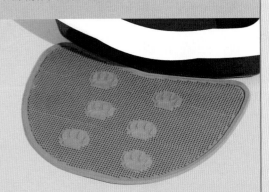

加蓋式貓砂盆

這款設計有些貓熱愛，有些貓則很厭惡。要選擇有加高設計的款式，入口也要夠寬。

附門貓砂盆

並不建議使用圖中右邊這款，因為那扇門、狹窄的空間和悶在裡面的屎尿味會讓貓心生厭惡。建議把門拆除或乾脆選擇左邊的樣式。

悠遊於高處───
開發新空間！

對家裡的貓而言，空間並非以平面計，而是立體的，因為牠最喜歡待在高處，家裡最高的櫃子牠遲早會上去的。何不調整家中的布置，為牠騰出上面的空間？

棲於高處的貓！

就像許多貓科動物一樣，我們可以說貓是一種樹棲動物，攀爬──不管是爬到樹上、櫃上或是你的膝上──對牠而言，是再自然不過的事了。對這個獨行獵人來說，躲在樹上一來方便監視獵物，二來可以避免被敵人發現。而且不論是在花園或在家

● 貓喜歡待在高處，還能一躍而下，輕巧落地。牠的尾巴會在跳躍與走在狹窄處時發揮平衡作用。

🔵 貓在花園裡時會花很多時間在樹上觀察。

裡，待在高處總是可以獲得安寧與平靜。

貓不論品種，都有著令人讚嘆的靈活度、敏捷度和跳躍力，這全要歸功於長在那身柔軟骨架上──全身約有280塊又細又堅實的長骨──的肌肉和極為靈活的關節。可伸縮的爪子到了崎嶇垂直的表面就成了「鞋釘」，方便牠上下。同樣靈活的尾巴則如「平衡桿」，可讓牠在狹窄處保持平衡。要爬上家具、樹枝或一道牆時，這位運動家會做出驚人的跳躍──不助跑就可輕易跳1公尺高，有助跑可跳到2公尺高，甚至牠身高的5倍之多，相當於人類做10公尺高的跳躍（無助跑）！

幾個好建議！

現在你了解了，在窄小的公寓裡養貓，重點在於要騰出垂直方向的空間，以增加牠的生活空間。很可惜的是，現代住家多改用封閉式置物櫃，不管是櫃子、書架，甚至是廚房碗櫃，都沒有空間可以供貓躲藏了！

建議你可以騰出以下空間讓貓在高處有地方休憩：

──在牆上安裝幾個架子（牆架），只給貓用而不擺放任何裝飾品或書。如果要在同一面牆上裝好幾個架子，就讓它們不同高低，這就是「貓階梯」；

──把櫃子、冰箱、櫥子等上方的空間都淨空，把那些占據櫃

如此靈活！

貓跟人不同，牠的鎖骨並非與肩關節連接，因此牠的活動度很大，像前腳能夠完全旋轉，也可以一隻腳在前、一隻腳在後走在很細的枝條上，好多動作牠都可以做出很大的幅度。

貓對著窗外叫

當貓隔著窗看到無法摸到的鳥或蝴蝶時，牙齒會打顫，並同時發出一種小小的、尖銳的叫聲，尾巴還會不停地拍動，顯示牠內心的激動，這既不是生病也不代表牠心裡鬱悶，因為室外貓若看到抓不到的鳥也會有相同反應！

🔵 書架空出的一角會是貓很喜歡的空中窩。

子上方空間的行李箱和袋子通通拿走吧；

－清空書架上的一層或書桌一角；

－整理出閣樓上的一間房間，你會發現你家的貓很快就會爬樓梯了；

－讓貓可以自由進出你的更衣室或衣櫃，不妨考慮裝個貓門；

－在暖器上裝個吊床給牠；

－盡量不要買封閉式家具；

－不妨加裝裝飾性橫樑，約離天花板30公分高，讓貓可以從各個家具、牆架或貓階梯上去；

－別忘記那很重要的貓樹！

（參照第84～87頁）

牠喜歡觀察

貓在花園的時候，大部分都是在眼觀四面、耳聽八方。牠會待在樹上、牆上，或藏在草叢裡，觀察四周生物的動靜。搖動的植物、飛舞的昆蟲、在天上飛翔和在地上爬行的獵物，以及我們的一舉一動，每件事都很吸引牠，這些視覺刺激很重要，足以維繫貓的心理平衡。

觀察窗外

公寓生活因為缺乏視覺刺激，貓可能很快就會覺得悶悶不樂。想像一下，如果你被關在飯店裡一整天，即使每餐有人送飯來，卻沒書可讀、沒電視可看，會是什麼滋味？何不把窗邊變成一個可以讓你的貓放鬆心情的好地方？只要在每扇窗戶旁放上椅子、矮櫃、貓樹等作為牠的瞭望台即可，若窗台夠寬，貓也可以直接站在上面觀看。如果樓層不夠高更好，如此一來，景色才清楚有趣！這個消遣對貓很有益，你可能會覺得只能看不能玩好像很可憐，事實上並不會。

窗台對室內貓而言是極佳
的瞭望台。

第四章

每天固定
做的事

磨爪是生理需求

貓有個壞名聲——牠常愛「光顧」我們的皮沙發、地毯和扶手椅等。然而，磨爪對貓科動物而言，不但是很自然的事，也有益牠的身體健康，所以，身為主人的你就要引導牠在適當的物品上磨爪。

為什麼貓要磨爪？

家貓、野貓都會磨爪，在野外有樹皮可抓，在公寓裡只好以其他直立物體為對象，因而時常讓主人頭痛不已。

貓這麼做是為了磨尖爪子，以及除去老化的角質鞘。不僅如此，這些抓痕還是貓之間的一種溝通方式，它既是一種視覺劃記（樹皮上、沙發扶手上的抓痕等），也是嗅覺劃記，因為抓痕中會殘留肉墊分泌的費洛蒙。當其他貓看到這些抓痕後就會過去聞聞，然後便知道附近正有某隻貓在休息，如果自己不識相硬要闖入，

➡ 幫貓修剪爪子時，只要輕壓每個腳趾的最後趾節，爪子就會外露。

就可能會遭受攻擊。

另外，貓在將物體表面扯破時可乘機伸展身體，就像我們在做伸展運動那樣。還有，你是否留意到牠老是在睡醒時磨爪？

因此，我們知道磨爪是個天生需求，對於維持貓的心理平衡是很必要的。在公寓裡，首要之

「故意惹主人生氣」的貓

有的貓學會在主人面前亂抓東西，「故意讓主人生氣」，好讓主人來追自己，這樣就有得玩。專家把這種行為歸為「儀式」的一種。

務就是要避免牠在不適當的地方磨爪，而不是阻止牠磨爪，飼主應該想辦法降低頻率，並讓牠逐漸轉往適當的物品磨爪。

理想的貓抓板

市面上售有各式貓抓板，從基本款（一塊纏有麻繩的木板）到配備複雜的都有，也有造型有趣的（做成動物形狀），五花八門，應有盡有（參照第80～83頁）。至於選擇的唯一標準就是貓肯用就好！跟其他養貓用具（如貓砂盆）不同的是，並不一定要購買貓抓板，你可以自己做一個，或拿別的東西取代。

• 材質

有好幾種材質都很適合讓貓磨爪，例如：厚紙板、麻繩、較厚的皮革（如果你的家具是皮製品就不要選用這種材質）、地毯、柳枝、椰子、木頭、三夾板、軟

木塞、竹籐等。市售的貓抓板多半是以麻繩或厚紙板為主要素材。抓板的形狀要夠長（30公分以上），好讓貓可以伸長前腳，當然也要夠寬，以足夠地放上雙腳。其實，一隻緬因貓跟一隻小歐洲貓的需求可能有所不同！

• 自製貓抓板

以下是幾個自製貓抓板的點子，都已經過貓兒實際測試和認可：

－剪一塊地毯貼在牆角、椅腳，或黏在一塊木板上；

－踩腳墊；

－把軟木墊貼在門緣下方、房間進門處；

－木頭（最好是橄欖木，貓會很喜歡！）；

－椰纖家具和／或椰纖地毯；

－在一塊木頭上纏上麻繩。

• 家裡需要幾個貓抓板？

最好準備好幾個不同的貓抓板。即使家裡已經有貓樹了（從

> ⊙ 貓的肉墊會分泌費洛蒙，當牠磨爪劃地盤時就會留下此化學分子。

給貓除爪——這是在殘害動物！

在北美，有很多人為了怕貓亂抓東西，而以手術除去牠的前腳爪，殊不知這麼做會導致嚴重的行為問題。

幸好自2004年起，法國便立法嚴格禁止這種手術，並將其視為虐待動物的行為！此外，結紮對減少磨爪行為的影響並不大。

經驗分享

你的貓把整個房間抓得亂七八糟？這種嚴重的狀況通常是因地盤受到干擾（如家裡來了一隻新貓）所引發的焦慮反應。建議你在家中全天候使用緩和情緒型費洛蒙發散器（Feliway®），如果再不見效果，就要找獸醫幫忙了。

定義上來講，貓樹本身應包含抓板），一樣可以再添置貓抓板。另外要強調的是，家裡若再飼養新的貓，貓抓板的數量也要跟著增加。

貓抓板要放在何處？

如果抓痕的首要功能是吸引同類注意，把抓板藏在家具後或門後就沒有意義了。貓抓板應該要以直立或平放（指地毯、腳踏墊等）等方式置於顯眼處，甚至是一些關鍵地方，如動線上的必經之處。如此一來，當貓進入有主人或有其他貓在的房間時就會比較願意磨爪。

記得在房間門口也放個抓板，這樣牠就不會對門邊的壁紙下手。此外，因為貓喜歡在睡醒時磨爪，所以，抓板要優先擺在

你知道嗎？

貓喜歡條紋：貓抓板上那一條條直線對貓很有吸引力，因為那很像在樹幹上磨爪所留下的抓痕。

牠的休息處附近，如：扶手椅、籃子和沙發等。

如果貓抓板放在正確的位置上，貓卻仍舊不願使用的話，可以用橄欖在抓板上摩擦，或是將橄欖核磨成的粉、乾貓草和纈草精噴劑等撒在抓板上，讓它充滿「誘貓」的香味。

保護你的裝潢及家具！

皮沙發、布沙發、壁紙、地毯、椅腳等物品被貓當抓板使用，不一定是主人所樂見的。面對損害，主人經常感到無奈。如果你的第一反應是處罰貓的話，請你別再這麼做了！體罰只會造成貓的焦慮，但問題是當牠焦慮時，唯有藉著到處磨爪才能讓自己平靜下來！

如果不想為了貓而放棄擁有美麗的家具，請多放幾個合適的貓抓板，並遵循以下建議：

－固定替貓剪爪，以減少磨爪次數與破壞程度；

－要保護被抓過的家具或牆壁的方法有：用裝飾品、家具或植物擋著，不讓貓接近，或拿錫箔紙或塑膠（氣泡紙）覆蓋其上（當牠找到其他東西磨爪後即可卸除）；

－在被抓的物體表面噴上貓嫌惡的東西（如檸檬草精油、尤

加利精油），最好能使用人工合成的費洛蒙噴劑（Feliway®），那是仿造貓標示地盤所用的費洛蒙製成，具有撫平情緒的功能，只要每天噴，貓就不會去磨爪。

－如果決定要換壁紙，請不要選擇有直線花紋的圖樣（參照第78頁）。壁紙一貼好，務必先噴上Feliway®費洛蒙噴劑，以免你的貓因為原先留下的熟悉嗅覺記號都不在了而搶先「使用」；

－「遠距處罰」僅對某些貓有效，對某些貓卻會造成反效果，所以，只能在最後關頭才使用，而且要少用為妙。處罰方式就是丟個東西到貓身邊（如襪子）或拿噴霧器、水槍裝水噴牠。這種處罰只能在犯罪一開始時執行，也就是貓才剛踏上某個不該磨爪的東西的那一刻！

⊙ 為免貓破壞家具，要多放幾個「合法」的貓抓板，至於脆弱的家具，就要在上面噴點費洛蒙或鋪上錫箔紙。

購物時間

單純的厚紙板型抓板

瓦楞紙是貓很喜歡的材質。一開始可
以在上面撒貓草引誘牠去抓（其
實大部分產品都已經撒
上）。這種經濟實惠的
抓板可固定在牆
上或擺在地
上。

玩具型貓抓板

這種獨特新穎的玩具不但具備傳統貓抓板的功能，
更增添了趣味性；貓會轉動圓筒，試圖抓住裡面的
球。

滾筒型貓抓板

這種造型獨特的貓抓板跟柱型貓抓板一樣好用，但
更好玩，貓會去玩那一對滾筒。

塔型貓抓板

這款設計聰明的塔型抓板具有三種功能：可以給貓躲藏、休息、磨爪。

劍麻貓抓板

劍麻是製作貓抓板的常用材料，這種天然纖維很吸引貓，它就跟樹皮一樣具有「銼刀」功能（可以卡住角質鞘），而且持久耐用，可編織或扭成繩索纏在木板上做成貓抓板。

地毯式貓抓板

表面是劍麻繩，可放地上或牆上。

柱型貓抓板

這款必備款從上到下纏滿麻繩,為貓樹的底座。要選擇附有玩具或有地方睡覺的款式(這樣牠睡醒後就會去抓),比較能吸引貓。

牆角型貓抓板

這類貓抓板可固定在牆的凹處或凸處以保護壁紙,而且因為明顯又有兩面,會吸引貓去抓。

精緻型貓抓板

這類貓抓板包含了休憩區、中間層和傾斜式劍麻貓抓板。

貓爬上貓樹了！

說　多土氣就有多土氣的貓樹，很可能跟家裡的擺設一點也不搭配，但室內貓卻不能沒有它。為了愛貓請將就一下吧，你會看到牠在新遊樂場上玩得很瘋狂！

理想的貓樹

理論上來說，貓樹的功能應該要跟花園裡的樹一樣。如果你的空間與預算都許可的話，盡量選擇高的（有些款式可以固定於天花板）與設計複雜的，那選擇可多了！

以下是貓樹應該提供的樂趣：

－可爬：貓樹的高度是最吸引貓的地方，樹的高度越高，牠越喜愛。最好分成很多層，有個梯子也不錯；

－可抓：貓樹的「樹幹」表面通常會以麻繩纏繞，可供貓咪磨爪；

－可躲：有些貓樹上會有一個休憩箱，箱裡的四壁貼有地毯布或絨毛布，可供貓咪躲藏或睡覺；

－可休憩：每種貓樹上都會有一、兩個舒服的休憩區位在高處，供貓安心休息或瞭望四周；

－可玩：有些貓樹上會掛著玩具或有一段繩子垂下，效果各有不同；

－可瞭望：貓樹尤其應該是個瞭望台，所以，不要把它藏在門或屏風後，也不要把它放在人不常去的房間。正確的做法應是把它放在客廳裡，如窗邊，讓牠可以看到外面。

自製貓樹

如果市面上販售的貓樹你都不喜歡，而你對木工又有點概念的話，不妨自己動手做棵個人化貓樹。

倘若你缺乏經驗或想像力，可以上網搜尋點子，有些網站會介紹新型貓樹。

購物時間

小型貓樹

這種只有一、兩層的貓樹適合小空間，也可放在大型貓樹旁當附加枝幹。

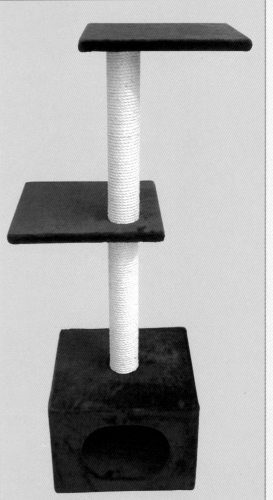

多層貓樹

這種貓樹可提供多樣性活動，例如：爬、抓、躲、休息、玩耍、瞭望等。

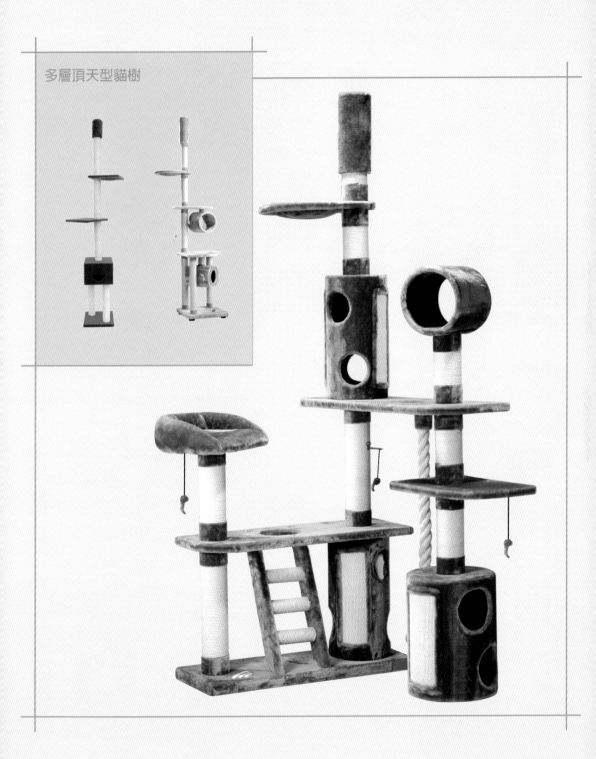

多層頂天型貓樹

成貓、幼貓都愛玩！

對公寓貓而言，遊戲不只為了消遣，那對身體和心理還是一項很重要的需求。不再玩耍的貓若不是病了，就是處在焦慮狀態，要不就是憂鬱。不管牠的年紀多大，你都應該設法讓牠玩耍。也要記得變換遊戲種類，以免牠厭煩。會玩的貓就是幸福的貓！

幼貓自3週大起就開始會跟媽媽和兄弟姐妹遊戲，這種社會性遊戲是有教育功能的。

遊戲是貓一輩子的事！

● 幼貓的遊戲

可分為社會性遊戲和個別遊戲（指玩玩具）兩種：

社會性遊戲也就是貓與貓之間的遊戲，這種遊戲早自幼貓3週大時就開始了，之後頻率漸增，一直到4個月大後，又開始減少，改為社交。

幼貓之間的遊戲就是模仿打架，為日後的攻擊行為，甚至是成熟後的發情行為預做準備。藉由遊戲牠們也學到貓共有的社會規則（如溝通訊號、儀式）；幼貓會模仿、學習威嚇與服從的動作，以及逃跑、閃躲和攻擊等技巧。這一切均在遊戲中完成，這種學習方式有趣又不會受傷。過程中，牠對自己的力氣有了認知，並開始學習控制。

在這些遊戲般的打鬥中，牠特別學會了控制爪子（可收縮）與牙齒的力道，這是因為每次只要牠一用力，玩伴就會大叫著掙扎，隨後貓媽媽就會出現把牠們分開！此為幼貓學習自制的過程。那些很早就跟兄弟姐妹和母親分離的幼貓因為不曾經歷這個過程，性情就會比較焦躁，且具有攻擊性，這種貓作為寵物會有很大的問題。

幼貓自5週大起便開始會玩東

讓貓發狂的貓草

這種被我們稱為「貓草」或「貓薄荷」（*Nepeta cataria*）的植物，是一種長在石縫間的小型植物，其香味很吸引貓，牠聞了會極端興奮，在葉子上既磨蹭又打滾地，有人認為其效果就如同我們人類吸食迷幻藥一樣！不過，貓草的興奮作用對貓是完全無害的（不會成癮），而且只有成貓才會對它產生反應。

可撒些乾燥貓草在玩具裡或貓抓板上，或裝在襪子裡，將襪口打結，你會看到你的貓像是瘋了一樣！不過，乾燥貓草的效力有限，請記得每隔一段時間就要再撒上新的貓草。

如果找不到貓草（注意！這裡所說的並非花店所賣的「貓草」，那其實是小麥草，貓也很喜歡，可以給牠當營養補充品），其他具有興奮作用的植物也可以，例如：纈草、橄欖（枝、果實）或紙草。

西，第一個玩具就是媽媽的尾巴，之後對象轉換為環境裡會動的小東西，牠其實是在學習打獵的技巧，舉凡反應、敏捷度、重要感官感覺等，均在遊戲時獲得開發、訓練，體能也經過跑、跳而得以增強。所以對幼貓來說，「遊戲」這項「運動」是正常發育不可或缺的要素。

幼貓雖會賣力地玩但不持久，這是因為遊戲會耗費力氣與

⊙ 貓喜歡玩很會滾動的小球，那可以引發牠的掠食行為。

精神，所以，遊戲結束之後便是休息時間了。

● **成貓的遊戲**

在野外，成貓是不太玩耍的，因為求生要緊，牠得把精力用在打獵、防衛和繁殖這些事情上才行。

相反地，家貓因為生活在一個安全的環境裡，遊戲開始變得跟吃、睡、清理自己或打獵這些事一樣重要，對那些不能出門的貓尤其如此（參照第12頁）。

遊戲可以讓公寓貓有機會發洩因不能打獵而過剩的精力，以維持心理平衡。就跟幼貓一樣，成貓會玩玩具、跟主人玩，也會跟其他貓、甚至家裡的狗玩，因此讓社會性關係更為豐富。跟成貓遊戲並不是把牠當作幼貓看，而是跟牠維繫感情，當然還有幫牠消耗熱量！

玩玩具

玩具一定要能激起貓的掠食者本能，所以它要夠小（像老鼠、小鳥，甚至蒼蠅那麼小），並且可以在地上滾動或在空中飛舞。

那種很輕、可在地上滾或在空中飛的東西，就能讓貓自己玩得不亦樂乎；牠可用前腳撥弄，然後在後面或跑或跳地追，攔截

到之後就咬在嘴裡帶去更遠的地方玩，或把這個戰利品叨到你腳邊獻寶！

小球、錫箔紙捏成的球、玩具老鼠、保麗龍、用線或橡皮筋纏繞的軟木塞、羽毛等，都是很好的貓玩具。記得玩具要每週更換兩次，以免牠生厭。

就像跟同伴打架一樣，貓也會抱著玩具倒在地上，踢踢咬咬一番，耳朵壓得低低地。那種軟軟的、長度大於10公分以上的東西，例如：專門為貓設計的絨毛或布製娃娃、裡頭塞有東西的襪子，或是一整包卸妝棉，很快就會變成牠心愛的「玩偶」。可以在玩具裡撒些貓草（參照第89頁專欄），效果會非常棒！

經驗 **分享**

做個小狩獵場吧！先在一個大箱子底部放幾顆貓飼料，再丟入許多保麗龍塊，你的貓夥伴會很喜歡「潛」進去撈寶，記得要拿攝影機拍下實況！

捉迷藏

貓很喜歡躲起來，以及爬到一些不可思議的地方去，這是牠的天性。

這位獨行的獵人喜歡觀察卻不喜歡被觀看，牠會躲在極狹窄的空間裡等著突襲獵物，可以為一隻老鼠持續埋伏好幾個小時，最後才一躍而上。

為了幫牠增添樂趣，應該讓牠可以上下架子，或進出櫃子、衣櫥，你也可以試著躲藏起來，

⬇ 光是地上一個紙袋就能讓你的貓玩得非常盡興。不過，為了安全起見，要先剪掉提把。

然後突然衝出來嚇牠！這很快就會變成你們之間的遊戲！

如果手邊有個大紙袋，可以剪掉提把，再把它放在房間裡，你的貓就會躲到裡頭玩了！塑膠袋或一個傾倒、打開的紙箱也有相同效果。你也可以把紙箱疊在一起，然後在箱子上挖門，造間「貓公寓」給牠。

在寵物店還可買到一種絨毛製的貓隧道，也是不錯的玩具，你可以丟球進去或放幾顆乾飼料在裡面引誘牠進去。

誘使貓做運動！

貓自己玩還不夠，還需要每天跟主人玩，這樣人貓都能從中受益，不但雙方都能放鬆，還能增進彼此的情感！貓的運動量就可以達到最高！因為家裡沒有老鼠或小鳥可以追捕，主人就成了公寓貓最好的運動教練！飼主每天至少要陪貓玩10分鐘，這點一定要強迫自己做到！

以下是幾個好玩又可以減肥的遊戲點子：

－「丟球」是貓很喜歡的活動，牠們會像箭一般地衝出去追球，很多貓還會自然而然地學會把球唧回來給主人！如果家裡沒有球的話，可以用任何輕又容易唧在嘴裡的小東西來代替。

－「釣竿」是家裡必備的玩具，可買現成的，也可自製——在棒子一端繫上線，線上再綁個玩具。拿著它在貓眼前晃動，就可以看到牠高高躍起！「羽毛棒」也可達到同樣的效果！

－「雷射光筆」一出馬，連個性再溫吞的貓也會立即清醒。貓一看到地上的光點，就會開始追逐，你根本不需花什麼力氣，只須站在原地，就可以讓你的貓在附近又跑又跳地好幾分鐘。要小心別把雷射光筆瞄準動物的眼睛或人眼，否則會對視網膜造成不可回復的傷害。

－遙控汽車一開始可能會嚇到貓，但牠很快就會知道那是可以追著玩的。你還可以在上面綁條線，線上繫根羽毛，這樣更能激起牠的狩獵本能。

－你的孩子喜歡玩肥皂泡泡，同樣地，貓也喜歡喔！而且牠的反應可能會讓你嚇一跳！看到牠跳得老高想要抓住泡泡時，你可別太吃驚！

你知道嗎？

貓的敏捷障礙賽：「敏捷障礙賽」是眾所周知的狗運動，其規則是，狗要通過一連串順序一定的障礙。也有繁殖業者推出貓的敏捷障礙賽，只是所有障礙都改得很小，以方便貓跳過，並用雷射筆來引導貓。你可以在家為貓設置一個敏捷訓練場，別忘了準備雷射光筆！

購物
時間

球

球是養貓者必備的貓玩具，無論讓貓自己玩或跟主人玩都可以。球有多種顏色，也有各種材質，例如：紙、塑膠、絨毛、布等。有些球可以被貓咬在嘴裡然後帶回來放在主人腳邊。表面光滑的球（如乒乓球）就無法咬在嘴裡，只能在地上滾動。有的球裡含貓草，有的裡面則放有鈴鐺。

老鼠

這種貓很喜歡的玩具其實是所有貓玩具的基礎。這些外型極似真鼠的玩具，材質通常是布或合成毛皮（請勿買真毛皮製的），有時還會加上羽毛或內填貓草。也有附鈴鐺的塑膠老鼠、繫在彈簧上或在台子上轉動的老鼠，甚至還有機器鼠！

多功能遊戲盤

只要輕輕一推，球就會在溝槽裡不停滑動，貓會又推又撈地想要抓住球。中間的厚紙板可讓牠磨爪，而彈簧上的絨毛玩具又可以帶給牠另一番樂趣。

垂吊式玩具

跟釣竿式玩具的原理一樣，這種連接塑膠繩的玩具可以吊在門上或拿著在貓眼前晃動，牠會又抓又咬地，效果保證一級棒！

釣竿式玩具

這是種可讓人與貓一起玩的好玩具；釣竿一端可能繫有羽毛、老鼠、蜘蛛、彩帶或絨毛玩具，拿它在貓眼前晃動，會刺激牠跳個不停，以抓住飄動的東西，是個可以讓牠發洩多餘精力的好方法。有些產品一甩動還會發出聲音。

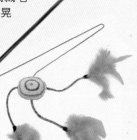

羽毛棒

這種產品的原理與釣竿式玩具相同。

貓草

一般是將這種具
有興奮作用的植
物乾燥處理後，
再以大、小
包裝等各種
型式販售。放幾片葉子或一包貓草
在玩具裡，再看看你的貓會有什麼
反應！也可放在「毛刷架」底下，
這樣貓就會過來磨蹭。

隧道

貓喜歡鑽進去躲在裡面。有些隧道的襯裡材質很特殊，貓走過時會
發出窸窣聲。

貓公寓

以堅固耐用的厚紙板搭成的貓公寓
組裝容易，樣式也很美觀。貓可以
在裡面遊戲或躲藏。

貓也可以學「把戲」

儘管貓不是狗，牠還是能教的，也可以學會很多東西，一切就看時間與耐心了。你的貓可以學會的把戲可能會讓你很驚訝呢！

獎賞不能少！

教你的貓學把戲不是為了馴服牠，這屬於寵物教育，並非要讓牠變成馬戲團動物，所以別擔心！

寵物教育包含以下基礎：保持乾淨、不亂咬亂抓、接受人類的觸摸、社會化、聽懂自己的名字等。

教牠把戲其實只是一種教育遊戲，可以增進你倆的感情。習得的把戲甚至可以變成一種儀式，也就是一個小習慣，可以讓牠覺得安心，讓牠喜歡跟你在一起。不過，要記得逼迫、威嚇和使用蠻力都不會有效果，貓是不會聽話的，獎賞才有用。

> **經驗分享**
> 雖說食物獎賞的效果比較迅速，不過，你也可以跟牠玩一場作為獎勵，像我就利用我的貓想玩雷射筆的機會，教會牠做出起立的動作。

此外，就「服從」這點來說，貓和狗的動機是不同的；狗是為了要取悅領導者，也就是牠的主人，而貓純粹是自己高興！如果牠因為做了某件事而得到零食、擁抱或可以玩一場，牠便會覺得自己因為這個行為而得到鼓勵，而在所有獎賞之中，食物是最有效的！

模仿天分

貓是可以經由模仿學習的，像使用貓砂盆、從食碗裡吃東西、捕捉獵物，甚至在正確的地方磨爪，這些都是幼貓先複製母親的行為才學會的。

所以，如果貓是跟家裡的狗一起長大的，牠就可能會模仿起狗的行為，而狗也會模仿貓的行為。這就是我們會看到狗外出散步時會有貓跟隨的原因，貓甚至還會抬腳，而跟貓一起住的狗也

會比較常舔自己。

但是，貓會模仿我們的行為嗎？會的，只要牠有動機，並且跟我們感情親密的話。

要模仿，一定得先仔細觀察，眼睛不離主人的貓可多了！然後，牠要能因為模仿某個行為而得到好處。也許貓就是藉由觀察主人而知道只要跳到門把上，門就會開了；知道按開關，燈就會亮了或暗了，連打開櫃子也會。

想教你的貓開門，要先呼喚牠，然後在牠面前輕按門把，讓牠過去門的另一邊，那兒有為牠準備的零食。連續幾天都這麼做，再加上一點耐心，牠最後一定會了解，只要自己朝門把一跳，門就會打開了。

「坐下！」「起立！」……

● 「坐下！」

要教牠這個動作，就把食物（肉塊、魚板、火腿）夾在大拇指與食指間，高舉在牠頭上，並朝牠身後移動，這樣牠就會把身體的重心移到屁股然後坐下。在過程中要不斷重複「坐下！」這個指令，只要牠一坐下就給予獎賞，給食物或摸頭都可以。重複幾次後，把手裡的食物藏到另一隻手，並把拿著食物的手放到背

你知道嗎？

教貓在馬桶上廁所：貓可以學會的東西會叫你很詫異，使用馬桶就是一例！這並不難學習，只是要採階段性教導就可以了：首先，要準備一個外型類似馬桶座的貓砂盆（無蓋），一開始先把它放在馬桶旁，之後再移到馬桶上，接下來把貓砂盆的盆底弄破，最後將貓砂盆整個撤掉。在美國（www.citikitty.com）和加拿大甚至可買到一整套的教學工具呢！這裡也有一個相關的法文網站：www.lechatsurlatoilette.com

後去，貓必須記得手勢和指令。下一個階段更難：只給口令不做手勢，食物也是藏起的，只要貓達成指令，就給予獎賞。

● 「起立！」

把零食綁在棒子一端，高舉在貓的頭上，然後說「起立！」只要牠一起身站立就給予獎賞。

● 其他把戲

根據「刺激一連串行為，再給予獎賞」這個原則，你還可以教牠其他指令或手勢，如：「躺下」、跳到你肩上、從這張椅子跳到另一張椅子等。當牠完全領會的時候，就別再每次給予食物而改以摸頭來獎勵牠。食物獎賞只能偶爾為之，這樣貓才會持續保有學習動機。

別高估貓的專注力，每天的教學只要幾分鐘就好，若是時間太長，牠很快就會厭煩的！

牠會**撒嬌**也會
主動**尋求撫摸**

貓的生活裡不是只有遊戲這件事而已！牠跟我們一樣，也喜歡充滿撒嬌與擁抱的親密時刻，不管對貓還是對人，這都是很有益的。

有益身心的依戀感

不了解貓的人會說貓是領土型動物、個性很獨立，所以無法像狗那樣對主人產生感情，把貓說的好像是投機主義者似的。這根本是誤解，事實上，貓是可以對人或其他動物產生感情的。

如果跟狗比起來，貓的情感表現方式確實比較含蓄，那是因為它就是不同，就是獨特，但可不是比較冷漠喔！跟人相處已有幾千年歷史的貓，要尋求的不只是溫飽，還有安全感、依戀重心和寵愛。

● **對母親的依戀**

貓的第一個依戀對象是母親，我們稱之為「初期依戀」。母貓自幼貓一出生就會對牠們產生感情，但在這個階段，幼貓尚未對母親有感情，這是因為此時仍又瞎又聾的牠們，只知道找一個溫暖、柔軟、有奶喝的地方，而媽媽就是這個來源。

幼貓真正開始對母親產生感情是在可以認得牠之後——可看得見和聽得見母貓的時候，也就是牠們兩週大時。加上母貓乳房之間所分泌可緩和情緒的費洛蒙的作用，幼貓會四處跟著媽媽，尋求與牠的接觸。

示愛

當貓要向你示愛時，牠不會像狗那樣熱切地表達或舔你的臉，牠的表現雖然不那麼明顯，卻很特別：
- 牠會磨蹭你的腳以留下表示熟悉的費洛蒙，代表你屬於牠的團體；
- 牠會主動找你，會來睡在你身旁，或跳到你腿上跟你撒嬌、要求你摸摸牠；
- 每次跟你互動時就開始呼嚕。

● 貓的第一個依戀對象是母親,牠會主動找牠、舔牠、在牠身旁呼嚕。

● 對地盤的依戀

當斷奶期來臨時,貓媽媽對幼貓的情感便逐漸轉淡。另一方面,越來越膽大的幼貓也開始自行探索環境。

一般而言,幼貓的「情感脫離」發生於2、3個月大時,此時牠們早已斷奶,也是被人領養的最佳時機。幼犬斷奶之後會轉向依戀團體,而幼貓卻是轉而依戀地盤。

幼貓自4個月大起,會開始用臉和身體摩擦家裡的家具及牆角以做為記號,也就是留下表示熟悉該地的費洛蒙。這些就是嗅覺劃記,代表牠對家中物品的依戀,這些東西可以讓牠產生安全感,確保其心理平衡。貓確實很需要這些熟悉的氣味,但牠也是會對人類產生依戀的。

● 對主人的依戀

貓能否跟人建立情感關係,主要看牠與人的社會化程度而定(參照第16頁),也就是牠能不能把人類視為朋友。

如果貓在2個月大之前和人類有固定、良好的接觸,那麼牠很自然地就會對飼養牠的人產生感情,變成一個會撒嬌、喜歡與人親近的伴侶。

至於在街上、農場或墓地裡長大的貓,也會對主人產生依戀,但是,若想觸碰牠和抱牠,就比較困難了。

貓與一家人同住時,牠與每

我摸牠，牠卻咬我

你的貓跳上你的腿讓你摸，卻突然咬你一口後逃逸，這是因為對牠而言，撫摸已超過了某種限度（標準視貓而定），而讓牠不能忍受；加上牠又有「被困」的感覺，才會出現反抗及逃跑的反應。要學會辨識牠開始不耐煩的徵兆（尾巴拍動、耳朵後傾、身體顫動、瞳孔放大），並懂得適時讓牠離開！

位家人的情感關係會有所不同，為什麼會這樣？這點跟「感覺」有關。所以，聲音、動作比較平和的人跟急躁、有威嚴的人相比，牠會比較親近前者。此外，對於跟牠一起玩耍的孩子和餵牠的人，牠的感情也會不同。

貓跟每位家人各有一套不同的、可讓自己安心的儀式，如：牠會跳到某位家人的肩上表示歡迎，在另一人跟前打滾，而對其他人可能只會聞聞他的鞋而已。

有益身心的撫摸

跟人已社會化的貓很喜歡被人觸摸，因為那會讓牠想起幼時吃完奶後媽媽那番舒服的舔舐，可以帶給牠愉悅與安全感。所以說，撫摸可以強化人貓之間的情

感與信任度。

如果你的貓喜歡被摸，就不要讓牠失望。此外，你也不須強迫自己做些什麼（尤其不能強迫貓），因為都是牠主動找你撒嬌的情形居多！而當牠覺得被摸夠的時候，就會自己離開。

事實上，每隻貓對撫摸的容忍度不同，要視經驗、親身體驗和個別敏感度而定。

● 敏感部位

一般而言，貓的臉部和體側對觸碰與撫摸的容忍度最高，牠磨蹭家具及人腿時也是用這些部位。這些地方密布著皮脂腺，會分泌「安心費洛蒙」。

貓最喜歡人家撫摸或搔搔牠的臉頰、下巴、頸下方和兩耳間（一定是因為這裡牠自己舔不太

→ 貓喜歡人摸、搔牠的頭部、雙耳間和兩頰部位，牠會以呼嚕聲回應，爪子也會一伸一縮地推揉。

到！）。

　　如果貓讓你摸頭，你可以沿著牠的背脊線一直摸到體側。如果你一舉起手，牠就蹶起屁股，你可以抓抓牠的尾根，牠會很高興的，不過其他部分都別碰！沒有貓喜歡別人摸牠的腰部。

● **撫摸的禁忌**

　　貓不喜歡別人逆毛摸牠，也不喜歡別人碰牠的腳、尾巴和肚子。摸肚子等於是一種侵犯，牠會咬你的手然後用後腳踢你！

　　貓雖然喜歡被摸，但你可不能摸太久，否則牠會覺得厭煩。有些專家認為，這是因為當我們的手在毛皮上滑過時，會產生很強的靜電。

　　最好是當貓睡著了，或開始露出不耐煩的徵兆（尾巴拍動、身體顫抖、耳朵後傾或試著移動位置）時就住手。

按摩

　　你知不知道當你在摸貓時其實就是在給牠按摩？這兩者都具有讓牠放鬆的效果。撫摸再用點力就成了按摩，可以幫助牠釋放壓力，並刺激皮膚的血液循環。

　　如果想要提高效果，可兩手一起來，先輕搔牠的雙頰，然後以抓捏的方式沿著脊椎一直按摩

到大腿。重複兩、三次後，你會發現牠開始想睡了！但如果牠轉身攻擊你的話，可能是你太用力而讓牠感到不舒服，也可能是你碰到牠疼痛的地方。不論如何，這時你就要住手了。

幼獸行為

　　貓跟你越親近，就越保有動物行為學家所說的「幼獸行為」，也就是說，被人類豢養的貓，幼貓行為會一直持續到長大後。

● **呼嚕**

　　這是貓出生兩天後所發出的第一個聲音，是一種天生存在於母貓與幼貓間、具撫慰作用的溝通方式。成貓也會呼嚕，特別是跟人類很親密的貓。野生的成貓就極少呼嚕，這一點讓科學家認為呼嚕是寵物才保有的幼貓聲。

　　這段二二拍的音樂讓我們聽

你知道嗎？

抗壓：科學家已證實當人摸貓時可以降低血壓，同時貓也會受益，因為撫摸就如同按摩，可促進具有抗憂鬱作用的腦內啡分泌。

了著實感動，因為那明顯訴說著牠的愉悅和幸福感。所以，呼嚕聲是顯示貓心情的絕佳指示計，而且跟撒嬌密切相關。

不過，如果說呼嚕聲是因強烈情緒而產生的，那起因也可能是件不快樂的事，像正在生產的母貓、生病或受了傷的貓都會呼嚕！

根據某些科學家的說法，呼嚕聲可刺激腦內啡這種愉悅荷爾蒙的產生，進而減輕疼痛。又有科學家認為，呼嚕時所引發的振動可刺激骨頭生長以及骨折後的骨頭癒合。

結論就是，為了你的愛貓著想，當牠一開始啟動馬達時，就多摸摸、抱抱牠，多跟牠講些親密的悄悄話，讓牠持續呼嚕就對了！

經驗分享

如果貓在你摸牠、牠推揉的過程中，不小心抓了你或勾到你的衣服時，千萬別罵牠，因為牠可能會因此產生焦慮，而不再願意與你接觸！下次先在腿上蓋件毯子就可以了！

永遠的寶寶

有的成貓會把主人當代理母親，甚至把飼主的毛衣、手指或耳垂當乳頭吸吮！會這樣做的動物通常是因為太早被領養，還沒被媽媽照顧夠，以致在心態上仍未長大，才會跟照顧牠的人發展出如此緊密的關係，甚至只要一看不見他／她就會感到不安。這種「貓寶寶」容易有焦慮症，所以，一定要讓牠接受動物行為專家的診治。

● 推揉

當幼貓在吸吮媽媽的奶時，會一邊呼嚕，一邊用兩隻前腳輪番推揉媽媽的乳房，這麼做可以刺激乳汁分泌。

照理說，推揉的動作在貓長大後就該消失，但是也有例外，跟人很親密的貓會在各種情況推揉，例如：當牠找到一個柔軟的墊子準備入睡時，就會爪子一伸一縮地先推揉一番；當牠跳上我們的膝蓋或當你過去摸摸躺著的牠時也會。有些貓還喜歡推揉主人的脖子、頭髮或身上的毛衣。

這些時刻對貓而言是很寶貴的，也許是因為喚起牠小時候的記憶，牠才會如此開心，就讓牠這麼做吧，別阻止牠；如果牠把你弄疼了，輕輕地把牠抱開就是了，幫牠剪指甲也是一個辦法！

● 舐人

狗舐人是友善的表示，貓舐人可就不尋常了。有些貓在與主人親熱時，會推揉主人的頸部或手臂，然後邊舐邊呼嚕，有些貓則會舐主人或陌生人的頭髮，這證明此舉與親密度無關，牠只是想嚐嚐頭髮的味道而已。所以，那怕只是為了衛生，也別讓你的貓舐你，牠有其他方式可以讓你知道牠很高興跟你在一起！

撫摸可以給貓帶來幸福感和安全感，因為這讓牠想起幼時吃過奶後媽媽那番舒服的舔舐。

第五章

來了一個室友
之後……

再養一隻貓？
可沒那麼容易

為免貓在你外出時會覺得無聊，再養隻貓跟牠作伴的主意似乎不錯。但是，由於可能會發生兩隻貓水火不容的局面，所以，事前的防範措施一定要做好，以防最壞的情況發生。

讓牠「形單影隻」好嗎？

對於得讓貓獨自看家一整天這件事，是否曾讓你感到罪惡？合理的做法不就是再養隻貓跟牠作伴？這樣牠們可以玩在一起，有伴就不會無聊，不是嗎？

前提是兩隻貓能夠相處才可以！而且事情不一定會那麼順利，因為再養一隻貓對原來的貓而言等於是有敵人侵入地盤，所以，原先家裡那隻貓一見到新來

者，往往是以吼聲、咆哮聲與威脅性的動作相對，甚至會揮拳或是乾脆來場戰鬥，盡可能地給牠好看，完全不是你所期待的熱烈歡迎景象！

貓會出現這樣的反應其實很正常，也不代表兩隻貓永遠都處不來，假以時日，也許兩隻貓會變成好朋友，也許真的一直無法相處，而且其中一隻貓還會成為另一隻的受氣包！

到底要不要養第二隻貓呢？這端視生活條件與貓而定。貓的快樂不一定由有伴與否決定，而要由牠對一穩定地盤及一個團體的依戀感而定；如果牠的環境裡充滿刺激，而牠和飼主的關係良好，貓自己就可以過得很好，並不會感覺沮喪鬱悶。要不要養第二隻貓也要看空間大小是否適

你知道嗎？

當荷爾蒙混合時：當兩隻貓同住時，各自的荷爾蒙狀態會影響牠們的關係。所以，未去勢的公貓會喜歡找另一隻公貓打架（不管牠去勢與否），甚至對已結紮的母貓也會；兩隻均未結紮的母貓到了發情期就會變得無法相處；而未去勢的公貓和未結紮的母貓是不能住在一起的。所以，前提就是得將貓結紮！

合，套房或只有兩房一廳的小公寓就容不下兩隻貓，因為當環境太小時，許多生活空間會重疊，當家裡又沒有地方可以逃跑、可以躲藏時，就會造成室友間的關係緊張！

另外，兩貓能否相處也要視其社會化的程度而定，很小就被人飼養、家裡一直只有牠一隻貓的貓，要接受同伴就會很困難，而另一隻被欺負得很慘的貓會一輩子怕牠，連稍微跟敵人長相相似的貓也會怕。

最後，原來的貓的個性以及牠與飼主的關係，也會影響牠對新貓的容忍度，所謂「占有欲強」的

社會成熟

兩隻已節育、一向相處得很好的貓可能會突然打起架來，這是因為其中一隻或兩隻都已達「社會成熟」的緣故。社會成熟不同於性成熟，前者約在貓3歲到5歲之間發生，這時的團體關係會重組，所以緊張程度會升高。

貓就不會願意和其他貓共享地盤。

在大部分的情況下，兩隻並非從小一同生活的貓都會變成好

兩隻同為室友的貓可不一定是感情融洽的，一切要看生活條件和兩個主角本身而定。

朋友，一起做傻事，一起睡覺，一起帶給全家歡樂，這端視你能否讓牠們的初次見面很順利。

來者是幼貓的話

新來者若是幼貓最理想，因為比較容易被成貓接受。建議選擇2、3個月大的幼貓，這樣牠要適應新家和另一個夥伴也比較容易。

● 適應期

在頭幾天最好先將兩隻貓隔離，把幼貓獨自關在房間裡，裡面為牠準備好食物、貓砂盆和玩具。兩隻貓會透過門縫進行初步認識。飼主要輪流去摸兩隻貓，並交換雙方的項圈或睡覺用的被子，好讓牠們熟悉彼此的氣味。

● 正式見面

在打開隔離幼貓的房門之後，門就別再關上了。剛開始接

貓咪們打架時該怎麼辦？

當你看到兩隻貓對峙時別過去干預，若有必要乾脆走出房間。如果貓咪們的對立因為一個外來因素（你的叫罵或手勢）而倉卒中斷的話，是會讓牠們緊張及關係變壞的。也有可能牠們轉而攻擊你，而兩個卻從此再也不打架。

關於高齡貓的注意事項

如果家裡的貓年事已高，新來一隻精力充沛、活蹦亂跳的年輕貓，可能會令牠不太愉快。高齡貓常因為患有關節炎，所以不喜歡跟新來的幼貓玩遊戲，或不願意跟牠有任何接觸。另外，比較敏感的高齡貓還可能患有憂鬱症，症狀是喜歡獨處、缺乏食欲及精力、不再愛乾淨。這時獸醫可能會讓牠服用一段時間的精神作用藥物，來幫助牠度過這段艱難時期。

觸時一定會很吵，要確定兩隻貓都有地方可逃。

如果原來的貓驅趕新來的貓，一副無法接受的模樣，先別洩氣，再多給牠們一點時間，讓牠們以自己的方式認識彼此，有一天打架就會變成遊戲的。你也要固定發起遊戲，例如：丟球或玩雷射光點追逐戰，以幫忙放鬆氣氛。

幼貓的碗和貓砂盆還是先留在原來關牠的房間裡1、2週，至於貓砂盆則要一直維持2個。如果兩隻貓能在同一個水碗裡喝水，那很好，但飯碗仍得一貓一個，而且兩個碗要保持距離。

這適應期可能短至1天，也可能長至幾個星期，所以你千萬要有耐心！

來者是成貓的話

如果你決心要做好事——收留一隻成貓的話，得先調查清楚牠的來歷（牠是否住過公寓？），以及牠與其他貓的社會化程度如何。

一隻不能忍受同類的貓要適應一個已經養有一隻貓的新家，會難上加難！備感壓力的牠只會讓原來的貓壓力更大，不管你怎麼努力，最後的結局一定是把牠送走——送給家裡沒有貓的人！

介紹兩隻貓認識的規則同上，過程勢必既「暴力」又吵鬧。兩隻成貓的關係要變正常，所需要的時間會比幼貓與成貓的長，所以，強烈建議使用下列「合成貓費洛蒙」：

－Feliway®插電式貓費洛蒙發散劑：把它全天候插在公寓最主要的房間裡，可緩和地盤混亂或貓因搬家而產生的情緒；

－Felifriend®貓費洛蒙噴劑或表示熟悉的費洛蒙：噴一點在雙手上，一邊摸貓一邊抹在牠們身上。照理說，當牠們聞到對方的氣味後，就會以為對方是自己認識的且無危險性。若每天使用，效果快又好。

即使兩隻貓吃的是同樣的食物，仍然要準備兩個碗。把碗放在同一房間，一開始先保持些距離，然後再漸漸拉近。

親熱時刻和遊戲時刻很重要，因為有助貓咪們抗壓。花在兩隻貓身上的時間一定要相同，別擔心牠們會嫉妒彼此，只要你花時間陪伴牠們，牠們就不會覺得自己被冷落。對於似乎是刻意挑釁的貓絕對不能責罵，這只會徒增牠的壓力而已。告訴自己牠們就像兩個在操場吵架的孩子，牠們的問題就留待牠們自己解決，兩隻貓都得學著適應對方！

⬆ 原來的貓幾乎都會給新來者一點下馬威，但是這不代表日後牠們的關係會不好。

109

貓狗可以一家親喔！

古諺說「貓狗不合」，但是，在法國有三分之一的貓飼主家裡同時養有一隻或多隻狗！這就是牠們可當朋友（至少能當室友）的證明。

再養一隻狗

在野外，狗對貓而言是掠食者，所以當貓一見到狗，本能反應就是逃跑。

沒有跟狗有社會化的貓，或不曾在9週大之前接觸過狗的貓會很難接受狗的到來，因此，牠會鎮日躲在高處不願下來。

如果要狗貓同住在一個屋簷下，最好選擇幼犬，這樣貓會比較容易接受，小狗也比較不會對貓做出攻擊性行為。幼犬的年齡以2個月大為宜，因為此時正好是牠的社會化期，所以會把貓視為朋友。

想要貓狗和平共處，必須遵守一些規則：

➲ 狗比較容易接受幼貓而非成貓。同樣地，成貓也是比較能接受幼犬作為室友。

經驗分享

讓貓狗見面時，一定要牽著狗，以免牠追起貓來，狗會把這視為一種遊戲。如果貓在此時發出吼聲、拱背反而更好，因為小狗會很驚訝，而對牠更加尊敬。

─ 先將狗和貓隔離2天，讓牠們透過門縫熟悉彼此的氣味，以做初步認識。

─ 在高處騰出空間作為貓的休息處與躲藏處（參照第70～73頁），並留一個房間禁止狗進入，這樣貓就可以躲進裡面。

－把雙方的食碗分開，貓的碗要放高處（如冰箱上或流理台上）。

－禁止狗接近貓砂盆。

－可以在狗的雙頰和體側抹一些表示熟悉的貓費洛蒙，它不會對狗有任何影響，卻會讓貓把牠當「朋友」看。

如果你選擇的是成犬，得事先確定牠和貓的社會化良好，即使在遊戲時也不會追逐貓，對貓的容忍度也要很高。

如果你的貓從不曾跟狗當過室友，一隻個性沉穩、脾氣好又有耐心的狗，可以讓牠拋卻對狗族的本能恐懼。

常可聽到原先打得不可開交

的貓和狗最後卻要好到睡在一起！不過，在初期還是別把牠們倆單獨留在家裡，以防萬一。

幼貓來到養狗的人家

也有可能是幼貓來到養狗的人家，如果是這種情形，在頭一個月一定要盯緊牠們，尤其狗又有追逐貓的習慣的話！想讓貓很快習慣與狗相處，最好挑選幼貓（2、3個月大），或是選擇曾經跟狗當過室友的幼貓。

介紹雙方認識的地方必須是公寓裡的中立地帶（對狗而言），如飯廳。

介紹雙方認識時，要先將幼貓關在外出籠裡，讓狗來嗅聞牠，接著，把貓抱出來，此時飼主要開始跟狗玩，以讓氣氛變得輕鬆。

要多抱抱貓，並以輕柔的語調跟牠說話，狗就會在貓身上聞到你的氣味，進而了解貓也是家裡的一份子。

室友也可以是**其他動物**

你想替你的貓找個夥伴，要照顧起來方便、不花時間的，不要貓也不要狗。可是，這麼做好嗎？

兔子或嚙齒類動物

　　野貓獵捕的是體型比牠小很多的獵物，小型哺乳類就是其中一種，所以，選擇迷你兔或小嚙齒類動物（老鼠、倉鼠、沙鼠、天竺鼠等）跟貓作伴，並不是個好主意。你的貓會動不動就想抓牠，害牠無時無刻處在焦慮狀態中。即使把牠關在籠裡，貓也會成天守在一旁監視！

　　不過，在某些情況下，貓和兔子、天竺鼠，甚至是老鼠，還是能變成朋友，只要牠們倆一起長大，而且貓是在9週大之前（正值社會化期）認識牠的。

　　所以，如果你本來就飼養一隻成兔，現在想要再養隻貓的話，牠們就能試著一起生活，甚至睡在一起也沒問題！但若是家裡已有隻貓，你想再帶其他小動物回家的話，可要小心了。起先，

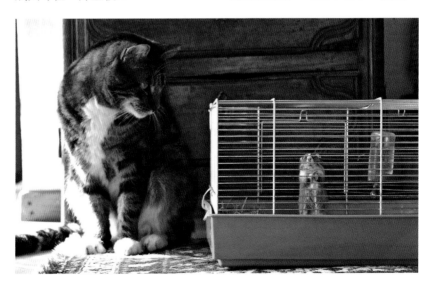

❥ 不建議讓貓跟小型嚙齒動物作伴（圖中為一隻沙鼠），因為貓會整天守在獵物旁邊，讓老鼠在籠內心驚膽跳！

貓可能對新來者興趣缺缺，其實牠會等你不注意時就撲上去！

鼬

在野外，貓和鼬會避開彼此，因為牠們是競爭者。若同時養在家裡，兩者就可以變成真正的朋友，鼬好玩調皮的個性會讓家裡一天到晚上演瘋狂的追逐戰。

不過，如果沒有事先做好防範措施的話，這一對食肉族朋友是可能會傷害彼此的。所以，最好是先飼養貓再養鼬，或兩個從小同時養起。事實上，讓2個月大的幼貓和成鼬相處是有危險性的，鼬可能會嚴重傷害貓，即使兩個只是在玩而已。如果你的貓一見到鼬就開始咆哮，別擔心，牠們會學著接受對方的。放鼬出來活動時，要把貓的食物藏好；如果無法一直盯著牠的話，還是把牠關回籠裡較為妥當。

鳥

關在籠裡的鳥會刺激貓的掠食行為，沒辦法，這很正常，你無法改變什麼！你的金絲雀或長尾鸚鵡會因為貓經常在籠子旁站衛兵，而時時處於驚嚇狀態。如果籠子是掛在高處且貓搆不著，牠們就可以相安無事，但如果在清理籠子時，不小心給鳥飛了出來，個性一向乖巧的貓就會變成猛獸了！飼主常犯的典型錯誤就是讓貓睡在籠子上，如此一來，小鳥會因為經常性的焦慮而導致免疫力降低，使健康大受影響。

唯一可以和貓共處一室的鳥就是已成年的鸚鵡。這種鳥既吵鬧又擁有強而有力的爪子與喙，會讓貓對牠敬畏三分，而不太敢去逗弄牠。有些甚至會發展出友誼，鸚鵡還會用喙幫貓理毛呢！

魚

水族箱是我們可以送給公寓貓最實用的禮物了！在水中來回穿梭的魚兒和氣泡會讓貓很興奮，牠可以連續好幾個小時盯著它看而不感到厭煩！別以為這一成不變的節目會讓貓覺得洩氣或不快樂，牠可是會每天都很高興地去牠的觀賞台報到，確定牠的魚朋友是否安好。

不過，牠不只是在旁欣賞，牠還會試著捉魚！有些貓甚至會毫不遲疑地跳進去！所以，有堅固蓋子的長方形魚缸會比傳統的圓形魚缸好。

記得在擺放魚缸的櫃子上留點位子給貓，好讓牠能作近距離的觀賞。

第六章

外出與搬家

貓可以外出，
但要繫上牽繩

你的公寓既沒有陽臺，也沒有花園，因此，你想牽著你的貓，帶牠出去活動活動筋骨。注意，牠是貓可不是狗！

別給牠造成壓力

把貓24小時關在公寓裡，哪兒也去不了，可能會讓很多人覺得殘忍。難道牠不需要像狗一樣出去呼吸街道上的空氣、在外頭撒腿奔跑、跟鳥兒作近距離接觸嗎？你會有牽貓出去散步的念頭是可以理解的，只是對牠而言，這不見得是件好事。

貓與狗的需求並不同；貓不需要外出解放（牠有貓砂盆）、去

● 把貓帶到一個陌生的地方，會造成牠的壓力。

放肆一下（牠可以在公寓裡瘋），也不需要跟同類會面（牠並非群體動物）。貓依戀的是地盤，還有牠在地盤上留下的那些可以讓牠安心的記號。

當貓去到一個陌生、沒有牠熟悉的味道的地方，就好比突然把我們放到月球上一樣，可是會造成焦慮的。所以，當你把貓放在樓下的草皮上時，牠會全身僵住，一點聲音就可以讓牠驚慌失措！如果這時你想把牠抱起來安慰一番，牠還可能會轉頭攻擊你，不然就是逃到樹叢裡或爬到樹上去。對牠來說，外出這件事不像對你而言那麼有趣，說真的，牠在家還比較快樂！

自小養成習慣即可

許多例子顯示，如果貓自小就曾被主人牽出去散步的話，牠是會喜歡這件事的，只是速度可能不會像狗那麼快（貓會花時間慢慢嗅聞各種味道）。在路上務必要提防車子和狗出現的危險。寧可帶牠去一個安全、充滿刺激（有鳥及昆蟲、可以爬高的地方、草叢等）、沒有狗出沒的地方，而不是在街上兜圈子。在到達目的地之前，最好先抱著貓，並緊緊抓好牽繩。到了目的地後，絕對不能解開牽繩，繩子的長度最好

要很長。

在訓練貓外出前，得先讓牠接受牽繩才行。要從牠2個月大起就開始訓練，先讓牠在家裡習慣戴項圈或胸背帶，然後再嘗試牽繩。一開始讓牠牽著你走，接下來走在牠前面，以零食誘導牠並呼喚牠。當牠綁著牽繩也能很自在時，就可以試著帶牠出門了。最好選擇一天中較安靜的時刻帶牠出去。一旦牠露出恐慌的模樣，就立刻帶牠回家，別一味勉強，學習應該是漸進式的。

⬆ 想讓你的貓習慣戴上胸背帶，並讓人牽出去散步，就要從小訓練。

別拉扯牽繩！

不管是在學習階段還是已經出去散步了，請絕對不要拉扯牽繩，也絕不可硬拖著貓走。用強迫的方式只會讓牠產生焦慮，令牠對牽繩或散步心生畏懼，萬一緊張起來而發生危險，可就不好了。

在陽臺、露臺和花園的安全問題

如果你的公寓有陽臺、露臺,或有個花園的話,那很好,因為貓的生活空間就寬廣得多。但是,務必要先做好防範措施,以免發生意外。

在陽臺和露臺上千萬要注意!

● 有陽臺和露臺的好處

貓如果有陽臺和露臺可以活動的話就太棒了,牠會對植物充滿好奇,植物的香味會讓牠很興奮,又可以曬曬太陽,風還會帶來新的氣味,飛來飛去的昆蟲讓牠磨刀霍霍,又有很理想的瞭望台。你的樓層不需要太高,公寓底下只要有條熱鬧的街、有鴿子聚集的廣場或花園,牠就可以一邊呼吸新鮮空氣,一邊欣賞底下的風景。如果不希望貓在大冷天裡每 5 分鐘來叫你幫牠開一次落地窗(牠有時出去後又會立刻進門來,貓就是這麼古怪!),可以替牠裝個貓門。

● 可能發生的危險

有陽臺和露臺最大的壞處就是貓會有墜樓的危險(參照第37～38頁),任何貓都可能受害,即使是身手矯健、可以在狹窄圍欄上行動自如的貓也一樣。當牠撲向一隻停在欄杆或飛近的蒼蠅或小鳥,卻煞不住的時候,就會掉下

⬇ 陽臺一定要有防護措施,才能讓貓出去!

樓去了。這種情形可能發生在任何年齡的貓身上，我們曾見過在陽臺邊緣走好幾年都平安無事的貓，有一天卻摔下樓的例子。要避免這種悲劇發生，最好的辦法就是裝設防護網，或乾脆禁止牠上陽臺玩，這就看你怎麼選擇了。

有個花園最理想

如果你住一樓，而外面就是花園，或是你的公寓有個動物可去的公有綠地，那麼你的公寓貓就有花園可以去。這對室內貓而言再理想不過了，但是絕對不能因此讓牠置身危險之中。以下為幾個必要的防護重點：

● 可能遇到的危險

可以去花園玩的貓一定會想瞧瞧外面的世界，但是，牠這一出去，可能會受困於另一個花園而回不來、身陷交通繁忙的馬路或誤食農藥，甚至碰到愛打架的同類或愛追逐貓的狗。

● 解決辦法

安裝上方朝內傾的高圍籬是最理想的辦法，倘若這不可行，還有一個辦法就是讓牠穿上胸背帶，並繫上較長的牽繩，繩子再用木樁固定於花園地上，當你帶牠去公有綠地時也可以這麼做。

↑ 貓如果有花園可以去的話，要在四周裝設上方朝內傾的高圍籬。

經驗 分享

> 我不建議用防逃項圈，它的靜電裝置會在貓一接近花園邊緣時，就釋放電流，這可能會讓貓感到很痛。這種處罰方式只會讓牠產生焦慮及恐懼感而已。

植物也可能造成危險！

貓對花盆很感興趣，牠們會去挖裡面的土，或在盆裡上廁所或睡覺。大部分的貓還會順便嚐嚐花和草的味道，因而有中毒的可能。

如果你的貓一向有吃植物的習慣，就在花盆裡放樟腦丸或柑橘類果皮，並在植物上噴點稀釋的檸檬汁。

搬家會造成壓力

搬家讓你倍感壓力？其實，這還比不上你的貓所面臨的生活巨變。為了讓牠好過一點，有幾項原則你得遵守。

生活巨變

貓的心理、甚至生理平衡，都跟牠的地盤結構息息相關。地盤穩定牠就快樂；相反地，環境裡若有任何改變，就會影響牠的情緒與行為。

「搬家」對貓而言是最嚴重的壓力；在僅僅幾小時之內，牠失去所有標記地盤的視覺記號和最重要的嗅覺記號（面部劃記），更別提因為騷動混亂而產生的壓力，頓失方向的牠很可能就會焦慮起來。

有些貓適應得比較快，有些貓則會出現「地盤失去焦慮症」（與地盤改變有關），因為受到的刺激太大，牠們再也不磨蹭家具或人，行為也出現異常──變得膽

你知道嗎？

高齡貓比較脆弱：貓適應環境變化的能力也跟年齡有關，幼貓的適應力會比成貓強，而成貓又比高齡貓強，所以年齡和適應能力是成反比的。高齡貓比較喜歡待在家裡，又特別執著於一些老習慣。在搬家時，飼主可要多留心牠的狀況，必要時也可尋求獸醫的協助。

小、老愛躲在櫃子底下或櫃子上、敏感易怒、不再愛玩、自閉。這種焦慮症的典型症狀是噴尿和磨爪行為加劇（在沙發和新壁紙上），飼主常以為牠是在報復，其實那是一種痛苦的表現。我們應該幫牠在新環境裡重新找到可讓牠安心的記號才對。

初到新公寓

● 在新公寓裡做記號

搬貓的準備工作就跟搬家具一樣重要。既然貓會焦慮是因為牠的嗅覺記號突然消失，你就應該親自幫牠在新家做記號，讓牠可以安心地在新處所住下並開始自己劃記。由於貓摩擦物體時會留下費洛蒙，我們就使用仿貓面部費洛蒙產品（Feliway®）來幫牠劃記。

● 在搬家前

在大日子來臨前，家裡成堆的紙箱就足以引發貓的焦慮了，所以，牠常常會在箱子上噴尿。

貓到新家的第一個反應都是找個隱密的地方躲起來。

經驗分享

針對那些特別敏感的貓，我除了會開立合成費洛蒙之外，還會運用溫和的順勢療法，或給牠乳蛋白營養補充品（Zylkene®），抑或可減輕焦慮的茶氨酸（Anxitane®）。在搬家前就要開始治療，搬家後還得再持續至少1個月。

想避免貓這麼做，就得在箱裡的四個角落噴Feliway®噴劑。搬家前24到48小時內，也要在新家最主要的房間插上插電式Feliway®（費洛蒙發散劑），這樣全天候使用至少1個月。

● 搬家時

搬家工人來到家裡時，要先把貓關在房間裡，牠才不會因為一時驚慌而跑出家門。到達新家之後，也是先把牠關在房間裡，裡面為牠備好食物、貓砂盆和睡窩。等牠開始在房間裡四處磨蹭時，就可以放牠出來，讓牠到新家的其他區域探索（還有劃記）。

從有花園的地方搬到公寓去

除了搬家本身造成的壓力外，貓還可能因為新地盤上缺乏聽覺、視覺和嗅覺刺激而鬱鬱寡歡。若是這種情況，貓的適應期會很長、很困難，有時甚至會不成功，最後只好幫牠另覓主人。如果你是從有花園的地方搬到公寓，更有必要改造環境，好好規劃一番。

搬到有花園的房子

有花園可去對貓而言是件好事，因為那是一個刺激有趣的地方，不過，你得先確定貓不會乘機跑到危險的地方才行（如花園沒有通到馬路上等）。

最好在花園四周設置圍籬，而且籬笆上方要是朝內傾斜的。也有人喜歡把花園設計成像封閉式的鳥園那樣，還有人會讓貓穿上胸背帶，然後綁上較長的牽繩，再繫於立樁上。

如果你的貓之前一直住在公寓的話，一定要過了一段適應期之後，才讓牠到花園去；牠得先在家「安頓」好，到處都做過面部劃記才行，否則，牠出門後若找不到回家的路，可就糟糕了。

一般要讓貓在新家待上幾天，甚至幾個星期，直到牠覺得自在為止。一開始出門牠一定待不久，旁邊必須有人看著，還得訓練牠一聽到你搖飼料的聲音就知道回來！

記得帶貓去植晶片、結紮，並確定牠身上的疫苗都在有效期限內，因為牠很有可能會遇到其他的貓。

離開公寓搬到一個有花園的房子去，
對貓而言是很棒的事。但是，貓得先
熟悉房子後才能出去。

索引

國家圖書館出版品預行編目資料

公寓快樂養貓 / 蕾蒂西雅‧芭勒韓(Laetitia
Barlerin)著 ； 羅偉貞譯. -- 初版. -- 臺北
縣新店市：世茂, 2008. 09
　面；公分. -- (寵物館 ； A20)
譯自：Un chat heureux en appartment
ISBN 978-957-776-938-1（平裝）

1. 貓　2. 寵物飼養

437.364　　　　　　　　97013822

寵物館 A20

公寓快樂養貓

作　　　者／蕾蒂西雅‧芭勒韓（Laetitia Barlerin）
譯　　　者／羅偉貞
主　　　編／簡玉芬
責任編輯／謝佩親
出 版 者／世茂出版有限公司
負 責 人／簡泰雄
登 記 證／局版臺省業字第 564 號
地　　　址／（231）台北縣新店市民生路 19 號 5 樓
電　　　話／（02）2218-3277
傳　　　真／（02）2218-3239（訂書專線）
　　　　　　（02）2218-7539
劃撥帳號／19911841
戶　　　名／世茂出版有限公司
　　　　　　單次郵購總金額未滿 500 元（含），請加 50 元掛號費
酷 書 網／www.coolbooks.com.tw
排版製版／辰皓國際出版製作有限公司
印　　　刷／祥新印刷股份有限公司
初版一刷／2008 年 9 月
　二刷／2010 年 10 月

I S B N ／978-957-776-938-1
定　　　價／300 元

Original title: Un chat heureux en appartement, by Laetitia Barlerin
© FLER/ Rustica Editions 2007
Complex Chinese translation copyright © 2008 by Shymau Publishing Company
Published by arrangement with FLER/ Rustica Editions through jia-xi books co., ltd. Taiwan
All rights reserved.